U0234351

明式家具的造物之道

The Way of Creation of Ming-style Furniture

姚健 著

北京理工大学出版社
BEIJING INSTITUTE OF TECHNOLOGY PRESS

图书在版编目（CIP）数据

明式家具的造物之道/姚健著. —北京：北京理工大学出版社，2018.4
ISBN 978-7-5682-5558-5

Ⅰ.①明…　Ⅱ.①姚…　Ⅲ.①家具-研究-中国-明代　Ⅳ.①TS666.204.8

中国版本图书馆 CIP 数据核字（2018）第 072237 号

出版发行／北京理工大学出版社有限责任公司
社　　址／北京市海淀区中关村南大街 5 号
邮　　编／100081
电　　话／（010）68914775（总编室）
（010）82562903（教材售后服务热线）
（010）68948351（其他图书服务热线）
网　　址／http：//www.bitpress.com.cn
经　　销／全国各地新华书店
印　　刷／北京地大彩印有限公司
开　　本／787 毫米×1092 毫米　1/16
印　　张／14
字　　数／200 千字
版　　次／2018 年 4 月第 1 版　2018 年 4 月第 1 次印刷
定　　价／82.00 元

责任编辑／申玉琴
文案编辑／申玉琴
责任校对／周瑞红
责任印制／李志强

序

中国明代家具的设计及工艺制作，在传承宋代家具风格的基础上进入了全面成熟时期。它将文人审美与工匠精神有机结合，在实用与审美之间取得完美平衡，成为造型艺术与材料科学、人体工学高度融合的成功典范。明代家具是中国古代文明中的一项杰出成就！

早在20世纪50年代，原中央工艺美院创建室内设计系时就首先开设了家具设计课程，系主任徐振鹏先生亲自讲授中国明代家具的艺术成就和设计，并与学院多位教授策划搜集散落民间的明代家具遗物，以资学习观摩、测绘及设计研究。经多方筹资、精心挑选，搜得数十件明清黄花梨及少量紫檀木上品家具，集中于室内设计系（后改名为环境艺术设计系）。伴随数载家具设计教学课程的学习，师生在对中国传统文化遗产的学习研究中受益匪浅。

20世纪90年代中期之后，学院将院内散放的明清家具与室内设计系收藏的家具集中一起在学院开设明、清家具陈列室，这一珍贵文物资源对全院开放。2000年，中央工艺美院被合并至清华大学，这批家具同时被移往清华大学，现已与原中央工艺美院的众多收藏一同摆放在新建的清华大学艺术博物馆中。回顾这段历史也是对原中央工艺美术学院那些有远见卓识的老教授们表达怀念与敬佩，感谢他们在传承发扬中国优秀传统文化——挖掘保护明代家具遗产方面所做出的杰出贡献。

姚健老师当年在环境艺术设计系学习，深受其益，热爱明式家具。他毕业后长期从事艺术设计教育工作，在繁重的教学任务和设计实践之余，不忘初心，深入研究中国传统家具，并在攻读博士学位期间将明式家具纳入中国古典艺术环境中对其设计进行研究，也为相关领域的研究拓展新路。我们平时讲到艺术和美学时往往陷入只可意会不可言传的空谈，而姚健的研究却能追本溯源，深入挖掘家具形态背后的设计思维，同时他还能深入工厂参与制作，了解家具工艺制作全过程。这种不同维度的思考使他具备了学术研究的坚实基础和框架，也使他在理论研究及设计方面均有建树。我也借此书出版之际，为中国的家具创新设计打气，希望像姚健这样努力奋斗的青年设计师们为中国当代家具的创新突破发挥先锋作用。

張绮曼

中央美术学院　教授　博士生导师

2018 年 4 月 7 日

目录

上篇 意匠篇

中篇 意象篇

下篇 意境篇

意匠是中国古人对于文艺创作中的构思的简称，是指灵感的来源和创作的依据，它是一种创造性的思维活动，在书中指明式家具在造物初期阶段的观念和方法。本篇共分为四章，分别从生命精神、人体感知、审美价值和使用功能来论证，从中可以映照出中国古人的宇宙观、人本观、审美观和生活观，这些思想都左右或指引着明式家具造物观的产生和发展。

上篇　意匠篇

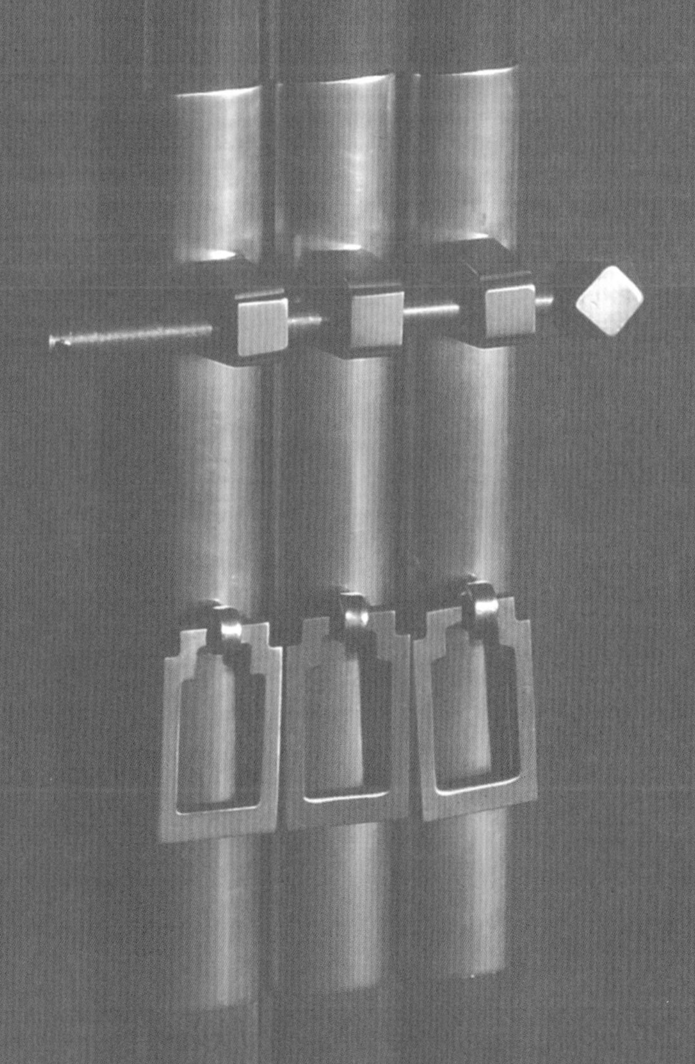

天地大德

——基于生命精神的意匠

《易传》谓:“天地之大德曰生。”扬雄谓:“天地之所贵曰生。”朱良志先生认为:“此二语可以说是中国人生命精神的集中概括,天地以生物为本,天地的根本精神就是不断化生生命。创造生命是宇宙最崇高的德操。万物唯生,而人必贵生。‘生’的意义不仅指自然生命,而且包括从自然生命中所超升出的天地创造精神。”[1] 这种天地创造精神同样体现在造物的过程中,在自然、人和器物的融会中化生出器物之新生命,这个过程正是万物的生命联系和物我的生命联系。

1 朱良志. 中国艺术的生命精神 [M]. 合肥:安徽教育出版社,1995:6.

万物一体——宇宙生命的共生观

中国古人认为宇宙中的万物都是相互关联的生命体,人作为其中的一种生命形式和其他物种之间息息相关,具有内在的不可分割的联系,构成一个生命的共同体。这种思想意识也影响了古人的造物观,如图 1-1 所示,在造物过程中,自然、人和器物三者具有不可分割的关联性,其中自然与人、人与物、自然与器物之间互为映照、息息相通,造物者在其中体味自然之生命、传递人类之生命、最终获取器物之生命。

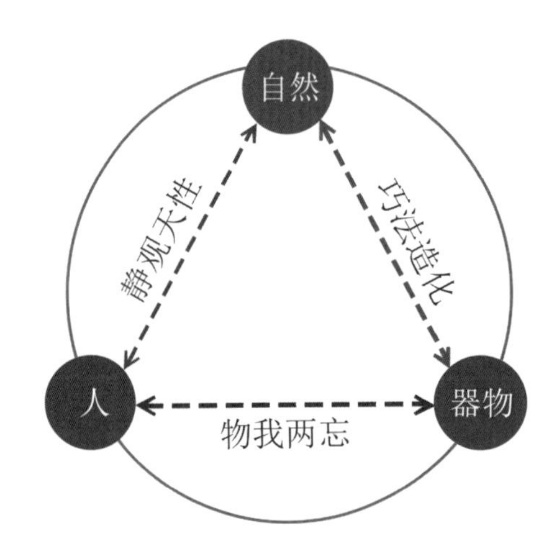

图 1-1
造物过程中自然、人、物的关联性

1. 静观天性

中国古人敬畏宇宙的创造力,如《易经》中所言:“大哉乾元!万物资始,乃统天。云行雨施、品物流形。”中国古人在进行造物创作时强调达到自然、人和物三者的融合与统一,而天是万物之始,所以在造物之初首先要和天进行沟通,以获取灵感的来源。如庄子在《达生》

中描述了一个工匠制作乐器的构思过程：

“梓庆削木为鐻，鐻成，见者惊犹鬼神。鲁侯见而问焉，曰：‘子何术以为焉？’对曰：‘臣工人，何术之有。虽然，有一焉。臣将为鐻，未尝敢以耗气也，必斋以静心；斋三日，而不敢怀庆赏爵禄；斋五日，不敢怀非誉巧拙；斋七日，辄然忘吾有四肢形体也。当是时也，无公朝，其巧专而外骨消。然后入山林，观天性。形躯至，然后成见鐻，然后加手焉；不然则已。则以天合天，器之所以疑神者，其是与！”

庄子通过这个故事阐述了造物过程中自然、人与物三者的关系，在整个过程中没有过多渲染人的技巧，而是强调先要静心，然后在此基础上怀着敬畏之心与天交流而得到灵感，最后诞生惊世骇俗的优秀作品。这种接近冥想的思维状态其实就是庄子的“心斋”和“坐忘”思想。庄子说：“唯道集虚。虚者，心斋也。”（《庄子·人间世》），他又说“堕肢体，黜聪明，离形去知，同于大通，此谓坐忘”（《庄子·大宗师》），这个思想同时也是老子的“致虚极，守静笃”的继承和发扬。在创作的前期，要静下心来，抛却世俗观念和功利思想，消除一切欲望和杂念，把自己的身体也要暂时忘却，做到心无挂碍。刘勰也曾提出“是以陶钧文思，贵在虚静，疏瀹五藏，澡雪精神”（《文心雕龙》）。虚静是意匠诞生前的铺垫，这种虚静并不是消极的虚无，而是以静待动，以无待有。最后的环节是“入山林、观天性”。天性正是宇宙的生命精神，在做到心无旁骛之时遁入自然，努力用心去体味宇宙的生命精神，达到人、自然与物的圆融贯通，从而获得造物的形态启示，再运用手的动作来加以实施，最终做到“以天合天”。庄子描述的造物过程道出了中国人艺术创作思维的一般规律，如明代李日华在阐述绘画创作时所说“必须胸中廓然无一物，然后烟云秀色与天地生生之气自然凑泊，笔下幻出奇诡”。[2]古人将天地孕育造化的过程称为天工，在敬天、合天思想之下，造物的最高境界便是达到自然生命的天然生成之感，消除人工与天工的界限，即我们常说的“巧夺天工”，如《尚书·虞书·皋陶谟》中所说的“天工人其代之”。明代的宋应星从其著作《天工开物》的题目中就采用反语的手法，旨在强调人工要顺应自然。明代的《髹饰录》在开篇即提到：“凡工人之作为器物，犹天地之造化。所以有圣者，有神者，皆示以功为法。”[3]他将构思巧妙、技艺高超的工匠称之为圣人和神，以表示对于人工接近天工的崇尚。中国古人认为天、地、人之间有“气”所连贯，万物一气派生和相连，共同构成

2 朱良志．紫桃轩杂缀[M]//中国艺术的生命精神．合肥：安徽教育出版社，1995：291．

3 黄成．髹饰录图说[M]．杨明，注．济南：山东画报出版社，2007：1．

一气相通的世界，如《黄帝内经》中指出人“生气通天”，宋代理学家张栻说：“夫人与天地万物同体，其气本相与流通无间。”[4] 朱熹也认为宇宙只是一“气”所充塞运行而形成，惟气之充塞运行中自有理。这种气是自然之气也是生命之气，古代工匠正是通过这种体味生命之气来感受天地的化育，制作出代替天工的人工作品，如图 1-2 所示。

4 朱良志．南轩孟子说．卷二［M］// 中国艺术的生命精神．合肥：安徽教育出版社，1995：124.

2. 物我两忘

器物最终要通过工匠的制作来完成，如《周礼·考工记》所讲的造良器所需的四个要素，除了“天有时、地有气、材有美”之外，便是“工有巧”。《释名》所说“巧者，合异类共成一体也”，即把不同种类、不同材质的物质整合在一起，形成一个新的个体。“巧”实际上具有两个含义，即创造力和技能，它是建立在人和物的关系之上的。庄子的“物化”或“物忘”之说指明了创作过程中人与器物之间的关系，即在创作中努力消除主体和客体的界限，达到主客一体的境界，如庄子说“此之谓物化”（《庄子·齐物论》），“吐尔聪明，伦与物忘”（《庄子·在宥》）。庄子还描述了另一位天才工匠的工作方式：“工倕旋而盖规矩，指与物化，而不以心稽，故其灵台一而不桎。”（《庄子·达生》）

倕是尧时的巧工，他徒手画就可赛过圆规与矩尺，手指与器物一道变化，无须用心留意，因此他内心专一而不受任何束缚。这个故事说明了人与物内在的和谐。因此在造物时，不必一味依赖工具等外物的作用，用身体语言直接和对象进行交流，达到物我一体的境地，就可设计出优秀作品。（图 1-3/ 图 1-4/ 图 1-5/ 图 1-6）

物我一体，便是庄子所追求的造物观。他在庖丁解牛的故事中便提出了“技进乎道”的观点。“庖丁释刀对曰：‘臣之所好者道也，进乎技矣。始臣之解牛之时，所见无非全牛者。三年之后，未尝见全牛也。方今之时，臣以神遇而不以目视，官知止而神欲行。’”随着对牛的认识的提高，牛在庖丁的眼中消失了，人与物的对立也消解了，对于道的追求会使技术获得自由和解放，最终解牛的过程“合于《桑林》之舞，乃中《经首》之会”，给人带来宛如舞蹈和音乐般的艺术享受。

图 1-2
明代木刻版画

在庄子对于梓庆、工倕和庖丁的描述中，我们都看不到庄子对于技艺本身的推崇，而是重点强调心、手和物的相互融合，以及对于工匠自身修养的重视，从中体现出技术为艺术服务的造物思想，从对于生命精神的追求上升到艺术精神的显现。这种古人的创作态度和方法，

图1-3

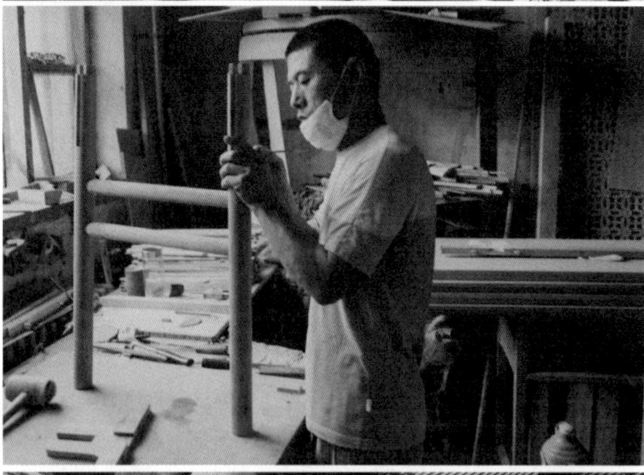

图1-4

图1-5

图1-6

图1-3　修肩
图1-4　组装
图1-5　雕刻
图1-6　打磨

正是对于“形而上者谓之道，形而下者谓之器”的诠释，从中看出上和下并没有褒和贬的意思，而是强调先有道而后成器。（图 1-7）

明代王阳明的心学同样强调了“心即理”，心外无物之境表达了创作的心态。他认为心为万物之根本，心与外物是浑然一体的。王阳明也提及“格物”，但是不同于朱熹把“格物”解释为“即物”的提法。他认为：“格者，正也，正其不正以归于正之谓也。”而“天下物本无可格者，其格物之功只在身心上做”，因此“格物”等于“正心”，成为体认“良知”、实现“良知”的修养功夫。明代的工匠在潜移默化中受到了老庄和儒家思想的影响，于是才有了大美的明式家具。

3. 巧法造化

李约瑟曾说：“没有其他地域文化表现得如同中国人那样热衷于‘人不能离开自然’这一伟大的思想原则。”[5] 在造物的过程中，造物者以自然中的万物为范本，正如老子所说“人法地、地法天，天法道，道法自然”。黄成在论述漆工之法时将老子的这句话转换为“巧法造化”，杨明注解为“天地和同万物生，手心应得百工就”，即用手和心去感受自然界万物的生命规律才能成就百工的存在，这也是对于庄子理论的诠释。他进一步解释说这不仅是漆工的造物观，同时也是其他门类工匠的造物观。

朱良志先生说：“中国艺术家以体现生命为艺道不二法门，生命被视为一切艺术魅力的最终之源。”[6] 宗白华先生在解释宗炳的“澄怀观道”的“道”时说，“就是这宇宙里最幽深最玄远却又弥沦万物的生命本体”。传统造物者在向造化学习的过程中继承的正是蕴含其中的精神，大自然中生生不息的山川草木、日月星辰、飞鸟走兽等都是中国传统艺术灵感的来源。从唐代的李阳冰对于书法意象的描述中可以看出大自然给予的启示：

“于天地山川，得方圆流峙之形；于日月星辰，得经纬昭回之度；于云霞草木，得霏布滋蔓之容；于衣冠文物，得揖让周旋之体；于须眉口鼻，得喜怒舒惨之分；于虫鱼禽兽，得屈伸飞动之理；于骨角齿牙，得摆拉咀嚼之势。随手万变，任心所成，可谓通三才之品汇，备万物之情状者矣。”

事实上，从充满生机的自然界中获取灵感就是中国传统造物的意匠。明式家具的造物者外师造化、中得心源，将大自然中生动的形象运用到家具之中。明式家具部件中有鹅脖、马蹄等和动物有关的形象；

5 ［英］李约瑟. 中国的科学与文明 [M]. 台北：台北商务印书馆，1997：163.

6 朱良志. 中国艺术的生命精神 [M]. 合肥：安徽教育出版社，1995：8.

图 1-7
明代木刻版画

明式家具的木材和石材纹理反映了山川河流的形态；明式家具的局部造型和雕刻中有螭龙、云纹、卷草、灵芝等形象；明式家具的铜铁饰件包含了葵花、莲瓣、云头、泉布、橄榄、双鱼等图案；明式家具的彩绘和镶嵌更是描绘山水花鸟及人物等。还有明式家具中生动的造型、流畅的曲线、内在的节奏和韵律等，无不映射出宇宙中生命本体的基本特征。

合天之时——宇宙生命的时间观

朱良志先生认为：“中国文化中形成了一种不同于西方的独特时间观。这种时间观十分重视生命，以生命的目光看待时间。它总是将时间和生命联系在一起，时间被理解为变易、流动，时间也即生命本身，以流动的时间去统领万物，从而把世界变成一有机生命整体；这种时间观认为，时间是生命过程的有秩序的展开；时间又呈现无往不复的特征，等等。这种时间观可称为‘生命时间观’。”[7]

7 朱良志．中国艺术的生命精神[M]．合肥：安徽教育出版社，1995：53．

《周礼·考工记》曰：“天有时，地有气，材有美，工有巧，合此四者然后可以为良。”这是古代造物的指导原则和价值体现，而其中对于天时的认识占据了首要的位置，可见造物者对生命的时间观的重视。书中进一步解释说：“天有时以生，有时以杀；草木有时以生，有时以死；石有时以泐；水有时以凝，有时以泽；此天时也。”草木有生死的变化，石头有热胀冷缩的变化，水有固态和液态的变化，造物者应遵循自然界万物随着时间而发生形态变化的规律。自然界的万物随着一天中的时间变化和四季交替而潜移默化、生生不息，人们也在时间的流逝中感受着宇宙的瞬息万变。这种时间因素也影响着古人的造物观。（图 1-8）

图 1-8
树龄较长的木材从外观可见岁月的痕迹

当代设计已将时间作为第四维度，弥补了三维设计的缺陷和不足。安藤忠雄在他的建筑作品中融入他对时间和自然的思考。在住吉的长屋中，他的中庭设计能令居住者在家中体验到四季轮回、风霜雨雪；在他的教堂系列建筑作品中，阳光从墙壁的缝隙中洒入室内，随着一天时间的流转而呈现出不同的形态。

中国的造物者早就发现了时间变化的规律，在造物制器时将其作为重要因素来考虑。

1. 尽物之性

《中庸》云:“唯天下至诚，为能尽其性；能尽其性，则能尽人之性；能尽人之性，则能尽物之性；能尽物之性，则可以赞天地之化育；可以赞天地之化育，则可以与天地参矣。”朱良志先生认为，这段话“表现了儒家体证生生的心灵过程。天人之本性均为诚，这是逻辑前提，正心以诚是以人合天的心理前提，诚则归于本性，诚心施及万物，泛爱生生，与万物同其生命节奏，是谓‘尽物之性’”。[8]

古人造物时要考虑材料的物性，即它们自身的自然属性。民间工匠将树木对外界的反应程度称为“木性”，并以木性的大与小来评判，以制定相应的造物策略。如元人薛景石在其《梓人遗制》中论述造车的取材时就说:“轮人为轮，斩三材必以其时。三材既具，巧者和之。”[9]郑玄注为：“斩之以时，材在阳，则中冬斩之；在阴，则中夏斩之。”[10]在制作车轮三种主要的构件毂、辐和牙时，根据每个部件的功用，分别采用三种木材，即郑玄所注的“毂用杂榆、辐以檀、牙以橿”。而这三种木材必须在不同的时节砍伐。我们从中可看出材料和时节的紧密关系。（图 1-9）

8 朱良志. 中国艺术的生命精神[M]. 合肥：安徽教育出版社，1995：34.

9 薛景石. 梓人遗制图说 [M]. 郑巨欣，注释. 济南：山东画报出版社，2006：19.

10 薛景石. 梓人遗制图说 [M]. 郑巨欣，注释. 济南：山东画报出版社，2006：23.

图 1-9
适合做家具的木材

树木具有顽强的生命力，它不会因为被砍伐、切割、烘干而停止自身对于自然界的感应，热胀冷缩是它的基本反应。针对这种物理现象，家具在设计中必须制定相应的策略，以免因气候和季节变化导致家具构件膨胀或收缩，最终引起开裂或断开。为了解决这一难题，古代工匠发明了“攒边打槽装板”法（图 1-10）。这种方法显示了工匠高度的造物智慧。它适用于大面积的家具表面，如椅凳座面、桌案面、柜门与柜子两侧的柜帮，以及绦环板等。在攒边围合的框架内，在芯板到框边的一侧留出一定的距离作为伸缩缝，这与现代钢筋混凝土建筑中的楼板做法如出一辙，这样作为家具表面的板材就可随着季节变化而缩胀，其本性得到自由释放。

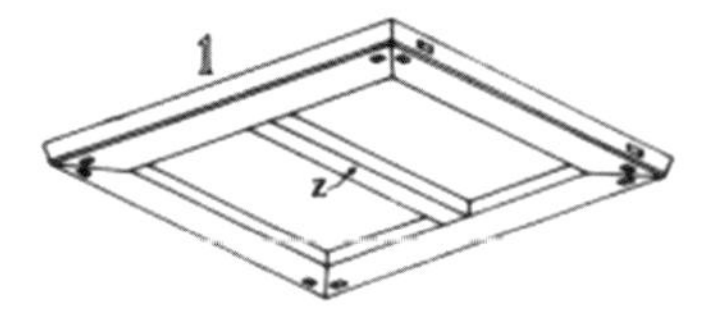

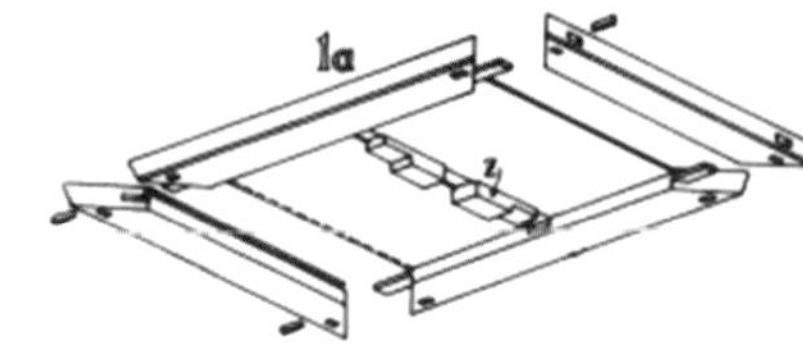

图 1–10
攒边打槽

基于同样的道理，在箱盒类家具的制作中，盖子顶部的面板也因面积较大而存在缩胀，但又不能采用攒边打槽装板的方法。于是传统工匠在顶盖边缘内侧再做出一薄边的结构，在立板上挖出相应的沟槽来进行插接，以适应木材缩胀。这样既保持了顶盖面板的完整美感，又尊重了木材的自然属性。尤其是较小尺寸的匣盒，这个结构做法的内侧薄边厚度不到一毫米，显示出古代工匠精湛的技艺。

当然，古代的工匠在尊重材料缩胀变形的动态属性和家具要求稳固的静态特征之间要寻找到一个合理的平衡点，比如在桌案的面板、橱柜的门板等较长的木材背面都要加以穿带，以起到防止和矫正变形的作用。有些时候也会采用强制办法来迫使木材“变性”。后者的做法是斩断植物纤维的生长方向，常见于镶嵌工艺和笔筒的制作中。按照所要镶嵌的造型的外轮廓，在木材表面挖去较浅的一层，这样面板就不会再缩胀，镶嵌自然就牢固了。笔筒是文人常用的文具。明代的硬木笔筒形成了一定形制，主要有两种做法：一种是在整根木头的底部挖开一个小圆洞，再配以木塞；另一种是按照内轮廓的大小将底部完全挖去，再配以底座。这两种做法都是为了改变笔筒的木性，使笔筒不会因季节变化而开裂。（图 1–11）

图 1–11
带镶嵌黄花梨笔筒

2. 四时冷暖

朱良志认为：“四时超出了节令本身的意义，形成中国古代独特的四时模式。四时之所以能在社会文化中起到如此大的作用，就在于古代中国人视四时模式为一生命模式，崇尚四时根源是崇尚一种生命精神。”[11]

11 朱良志．中国艺术的生命精神［M］．合肥：安徽教育出版社，1995：58.

春夏秋冬的四季更替，令人在使用家具时也会针对冷暖变化采取不同方式。孟晖在《花间十六声》里描写了唐宋时期屏风的作用，即在寒冷的季节里，折叠式的屏风将床整体围合起来，形成一个密闭的空间，起到保暖的作用。她写道：“一入秋，人们就会把折叠屏风安置在床四周，用以挡风、御寒；到了热天，折叠屏风，成了通风散热的障碍，所以要把它撤下、收起。屏风的撤与装，成了每年应对季节转换的一个例项。”[12] 到了明代，架子床开始日渐流行，悬挂的床帐代替了围屏，尽管功能上保持了一致——冬季保暖、夏季驱蚊，但是操作起来更加方便。我们现在在博物馆里看到的架子床，其实只是一个骨架而已，它的真实功能消失了。其功能从明代《三才图会》的“床帐”(图1-12）就可窥一斑，即床和帐是不分离的。明代的大量木刻绘本还原了当时的生活场景，我们也在其中找到了架子床的原貌。架子床的周身被帐幔包裹，可见架子的基本功能是支撑软质的帐幔。夏季可以悬挂轻薄的帐幔以避蚊虫，冬季可以悬挂稍厚的帐幔以保暖。另外帐幔增强了床内空间的私密性，让人在睡眠时能更加安心舒适。明末方汝浩所著的言情小说《禅真逸史》中对于床帐的形态就有所描述：“右边铺着一张水磨紫檀万字凉床，铺陈齐整，挂一顶月白色轻罗帐幔，金帐钩桃红帐须。”而唐宋围屏的做法在明代也有流传。

12 孟晖．花间十六声［M］．北京：生活·读书·新知三联书店，2006：15.

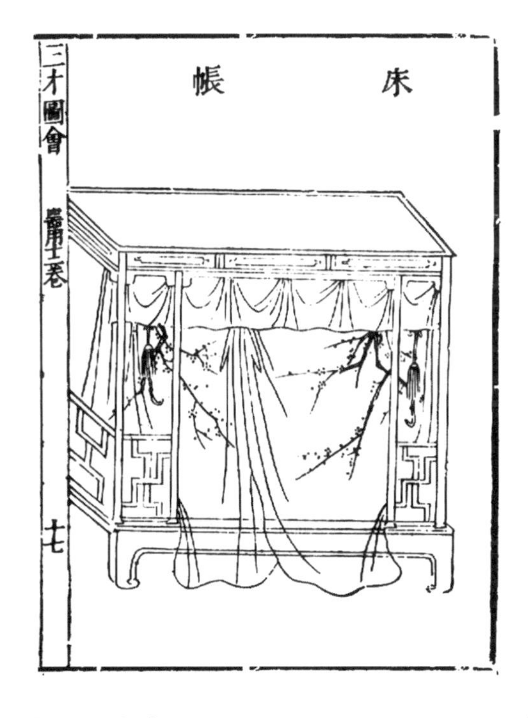

图1-12
《三才图会》中的床帐

因季节不同使用家具的方式不同，体现了中国人自古便有的时空合一的观念。从战国时期的尸佼对于宇宙的概念定义——“上下四方曰宇，往古来今曰宙”也可体现出来。宇是空间，宙是时间，这种时空合一的宇宙观影响了中国人的生活方式。不仅是家具的使用方式随季节而变化，家具和陈设品在室内的布局也会因四季变化而有所不同。如明代的文震亨在论述室内陈设的“位置”时所说：“位置之法，繁简不同，寒暑各异。”[13]。夏季常用的湘竹榻和禅椅在冬天也可使用，但是，“冬月以古锦制褥，或设皋比”，即在家具上铺设软垫或动物皮毛。摆放在小几上的香炉“夏月宜用瓷炉，冬月用铜炉”；作为装饰品的花瓶也是“春冬用铜，秋夏用瓷”。

13 文震亨．长物志［M］．重庆：重庆出版社，2008：15.

明末清初的李渔也是根据四季气候的变化来设计家具的。他设计了夏天用的凉杌、冬天用的暖椅，以使人能够在四时变化中提高适应性和舒适度。古代在夏季没有制冷设备，李渔便在家具上下功夫，以达到避暑的目的。“盛暑之月，流胶铄金，以手按之，无物不同汤火，况木能生此者乎？凉杌亦同他杌，但杌面必空其中……先汲凉水贮杌内，以瓦盖之，务使下面着水，其冷如冰，热复换水，水止数瓢，为力亦无多也。其不为椅而为杌者，夏月不近一物，少受一物之暑气……”

冬天为了御寒，李渔设计了暖椅。“前后置门，两旁实镶以板，臀下足下俱用栅。用栅者，透火气也；用板者，使暖气纤毫不泄也；前后置门者，前进人而后进火也。然欲省事，则后门可以不设，进人之处亦可以进火。此椅之妙，全在安抽替于脚栅之下。只此一物，御尽奇寒，使五官四肢均受其利而弗觉。”李渔还将这种暖椅比喻为“定省晨昏之孝子、送暖偎寒之贤妇”。（图 1-13）

图 1-13
李渔设计的暖椅

3. 历久弥新

“子在川上曰：逝者如斯夫。”中国古人在感叹时间流逝的单向性的同时，又承认时间无往不复的循环特征。如朱良志先生所言：“古人所理解的循环的时间，并不是自然时间，而是一种‘生命时间’。从生命的角度看待天地运转、四时更替、昼夜迭代，那么这每一个时间段就变成了既流行不殆又循环不已的时间了。”[14]

14　朱良志．中国艺术的生命精神 [M]．合肥：安徽教育出版社，1995：58.

明式家具非但没有因为时间的流逝带来陈旧的感觉，反而随着材质和色彩的微妙变化日益增加其美感，显现出强大的生命力。明式家具大多采用硬木材料，这些材料刚刚制作完成时往往会感觉颜色偏红、纯度较高，俗称为“火气”太重。随着家具的使用时间越来越久，家具表面经过氧化和人为的摩挲，逐渐在表面形成一层光泽或者俗称为包浆的氧化物，显现出一种沉稳和内敛的气质，焕发出岁月的光辉。文震亨在评价漆家具时就推崇带有宋元断纹的家具（图 1-14），古斯塔夫·艾克先生在论及家具表面处理时也说：“除非木材事先经过处理，

图 1-14
带断纹的椅子

颜色和光泽是随岁月的推移而逐渐成熟的。老的花梨木表面在经过几个世纪的触摸使用之后，会呈现一种难以用其他方法获得的外观。金属的光泽、浑圆的边角，以及柔和的凹凸起伏，赋予一些中国古代家具以任何其他家具所不具备的性格。”[15] 在谈到材料时他也说：“（紫檀）经过打蜡、磨光和很多世纪的氧化，木的颜色已变成褐紫或黑紫，其完整无损的表面发出艳艳的缎子光泽。”[16] 随着时间因素的介入，家具的美感才日益显现出来，从而能够跨越时代，历久弥新。

15 ［德］古斯塔夫·艾克．中国花梨家具图考[M]．薛吟，译．北京：地震出版社，1991：32.

16 ［德］古斯塔夫·艾克．中国花梨家具图考[M]．薛吟，译．北京：地震出版社，1991：28.

物尽其用——树木生命的伦理观

庄子在《齐物论》中认为宇宙是一个完整的系统，万物在这个系统中具有平等的地位。他说：“天地与我并生，而万物与我为一。”郭象在对《齐物论》的注解中进一步补充说：“圣人处物不伤物，不伤物者，物亦不能伤也。唯无所伤者，为能与人相将迎。”意思是宇宙间的万物要互相尊重，不能互相伤害，这样才能形成一个人与万物和谐的整体环境。在面对造物的材料时要最大限度地物尽其用，根据材料的物理特性来确定材料的用途，以免对材料造成伤害和浪费，以至于暴殄天物。

1. 审曲面势

据《周礼·考工记》记载：“国有六职，百工与居一焉。”百工是社会的六种分工之一（王公、士大夫、百工、商旅、农夫、妇功），百工的任务即“审曲面势，以饬五材，以辨民器”，其中最关键的是“审曲面势”。“梓人”是古人对于木工的称谓。唐代的柳宗元在其《梓人传》中直言：“梓人，盖古之审曲面势者，今谓之都料匠云。”宋元时期木工有匠人和梓人的大小之分。王安石在《考工记解》中云：“大者以审曲面势为良，小者以雕文刻镂为工。”审曲面势就是从材料的本体出发，仔细审视和体察材料的外在形态，如大小、质地、肌理、颜色、光泽等，深入体认材料的内在自然性能，通过严谨慎重的思考，做出最准确的设计与规划；严格遵照材料的实际情况，进行度身打造，实现材料功能与美观的最优化，最大程度地展现材料自身的魅力，满足造物的需要。明式家具的选材多是在当时来说较为名贵的硬木，在开料的时候往往要经过详尽的计算。因此因材施工显得尤为重要。在面对一个完整的树干或树根时，要根据其形状和尺度进行详细的设计规划，依据纹理的走向比照家具构件的位置，以确定切割的方向和部位。

一般家具的开料分为径切面和弦切面。弦切面因为其纹理较美而使用最多，尽管弦切面的材料抽胀程度要比径切面的材料大很多。（图 1-15）根据弦切板较易变形的特征，工匠采用弦切板时多切为 10 毫米左右的薄板，用攒边打槽的方法做面芯板和门芯板，边框留出余量并施以燕尾槽的穿带，这样能有效防止变形。边框和腿足多采用径切材，纹理通直、挺拔有力，且不易翘曲变形。（图 1-16）传统上，有些地区的家具常常将开料后不带树皮的芯材用作椅面或牙板外侧，而将带有树皮的材料用在内侧看不见的地方，体现了节省材料的原则。

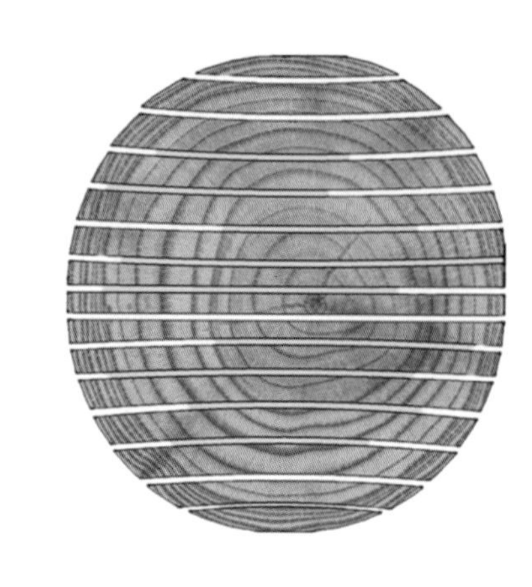

图 1-15
弦切面示意图

图 1-16
切割后的木头板材

2. 随形制器

根据材料切割出来的基本形状进行创作，将形状和大小不一的材料用在不同的家具部位，是传统家具的基本做法，这样能够最大限度地利用材料而避免浪费。总结其基本的开料和制作逻辑可分为以下三种做法，即独板为大、平分秋色、穷纤入微。

（1）独板为大

因为明式家具常用的硬木成材期较长，可用木材大多直径较小，所以较粗的木材尤其难得。在选材时，首推直径较大树木形成的宽大而且较长的板材作为条案的案面板，俗称“独板做”（图 1-17），如能出较大的厚板可作为架几案的案板，俗称“一块玉”。根据形式的要求

图 1-17
翘头独板条案

其做法稍有不同，有的是攒边打槽做成平头案，有的是加翘头做成翘头案，最直接的就是将整板刮平后不加修饰架在两个方几上形成架几案（图 1–18）。

稍窄而厚的独板常用在罗汉床的围子上，形成三面围合的结构。这种独板结构的做法尊重了树木的生长规律，维持了树木整体纹理流畅的美感，不留接缝，给人以一气呵成之感。

图 1–18
独板架几案

（2）平分秋色

比独板相对较短而且窄的板材以攒边打槽装板的方法被拼接用作面芯板或门芯板。明式家具单体的基本形态是对称的，尤其体现在方角柜和圆角柜等橱柜类的具有门扇的家具上，用攒边打槽装板的方法将木板拼接在一起形成门板。为了保持均衡的纹理效果，门芯板的取材经常是将木料切割时一分为二，然后分别放到左右门板上，这样能保持视觉上的均衡。（图 1-19）同理，其他成对的家具也大多采用此种方法。

（3）穷纤入微

木料被分解完毕后通常有大料和小料之分，较宽的板材可作为面板或门板，较窄的可作为边材，另外的木料可以用来做圈椅的椅圈、

图 1-19
圆角柜正立面

霸王枨、扶手、连帮棍等。在家具加工过程剩下的细料、小料往往也会经过精心计算，作为各种辅助构件，如矮老、卡子花，或攒接成各种图案作为围板或隔扇、屏风、花罩之用。明式家具的结构件经常是以对称或重复形式出现，设计时要采取模数制来批量生产，以免造成浪费。

出于对树木的尊重，在制造过程中，工匠对家具主材之外所剩余的边角料也尽量做到物尽其用。《天水冰山录》中记载的明代严嵩被抄家的物品清单里，既有大件的硬木床、桌、椅、橱柜等，也有硬木的筷子、棋子等，这些都显示出造物者丝毫不浪费材料的造物观。

此外，在文人的影响下，明代室内设计中兴起设置书斋的风气。据明代范濂的《云间据目抄》记载，当时除了大户人家之外，平民家中也开始流行设置书斋。他说："尤可怪者，如皂快偶得居止，即整一小憩，以木板装铺，庭蓄盆鱼杂卉，内则细桌拂尘，号称书房，竟不知皂快所读何书也。"除了在书斋中布置家具之外，案头的文玩清供也日渐丰富，这些器物不仅具有实用的功能，还具有供品鉴、玩味、欣赏的作用以及提升文化氛围的装饰性。这些小件多由优质象牙、玉石、铜或瓷制成，其中很多不乏采用硬木材料。如明代屠隆的《考槃余事》中的文房器具篇，笔床、笔屏、笔筒、笔船、砚匣、砚台盒、镇纸、笔架、砚屏、图书匣、印盒、压尺、秘阁、裁刀把、如意以及各种陈设品的底座等不一而足，这些器具多采用硬木的小料制成。（图 1-20）

图 1-20
明代黄花梨笔山

近取诸身——基于人体感知的意匠

“近取诸身，远取诸物”是古人进行创造活动的出发点。家具是和人关系最为紧密的器物，身体对它的反应也最为敏锐。所以家具设计也首先要从人的感知出发，才能达到尽精微、致广大的目的。本篇从人的感官体验开始，来反观明式家具的造物观。

《说文解字》云:“寸、尺、咫、寻、常、仞诸度量，皆以人之体为法。”《大戴礼记》提出“布指知寸，布手知尺，舒肘知寻”。对于身体尺度的研究是所有设计的开始。古希腊人的人体雕塑中存在黄金分割比例，文艺复兴时期达•芬奇就以几何学的比例和尺度来分析人体，柯布西耶从人体中发现了斐波那契数列并运用于现代建筑的模数设计中。现代西方的人体工程学也从人的生理和心理角度强调人机环境的和谐。

中国人对于身体的理解具有独特的方式。按照中医的理论，人的生命有可感知的实在人体和不可见的精神意识两方面，即形和神共同组成，所以养生者要兼顾形体的保养和精神的修养。《中庸》讲了修身的重要性:“修身以道……故君子不可以不修身; 思修身，不可以不事亲; 思事亲，不可以不知人; 思知人，不可以不知天。”了解自然界的基本规律方能了解人本身，然后才能事亲、修身。《大学》详细讲解了修身的基本程序，“欲修其身者，先正其心; 欲正其心者，先诚其意; 欲诚其意者，先致其知; 致知在格物。”这是一套逻辑性很强的程序，而最为基础的环节便是格物。有了对于万物的深入体验才能致知、诚意、正心，最终达到身心的最佳状态。

明代高濂所著的《遵生八笺》阐述了养生延年之道。其中四时调摄笺、延年却病笺、饮馔服食笺、灵秘丹药笺等讲述保证身体健康的种种方法，起居安乐笺和

燕闲清赏笺讲述的是精神层面的修养。高濂亦将家具定义为修身养性的必备要素。高濂列举乐天《庐山草堂记》云:“堂中设木榻四，素屏二，漆琴一张，儒、道、佛书各三两卷……俄而物诱气随，外适内和，一宿体宁，再宿心恬，三宿后颓然嗒然，不知其然而然。”环境中的人在家具和音乐的陪伴下逐步身心放松，渐渐达到物我两忘的虚静之境。而单件家具也能使人超越尘世，达到庄子的逍遥游的境界，如他借助神隐之语曰:“草堂之中，竹窗之下，必置一榻。时或困倦，偃仰自如，日间窗下一眠，甚是清爽。时梦乘白鹤游于太空，俯视尘壤，有如蚁垒。自为庄子，梦为蝴蝶，入于桃溪，当与子休相类。”(图 1-21)

图 1-21
无围榻

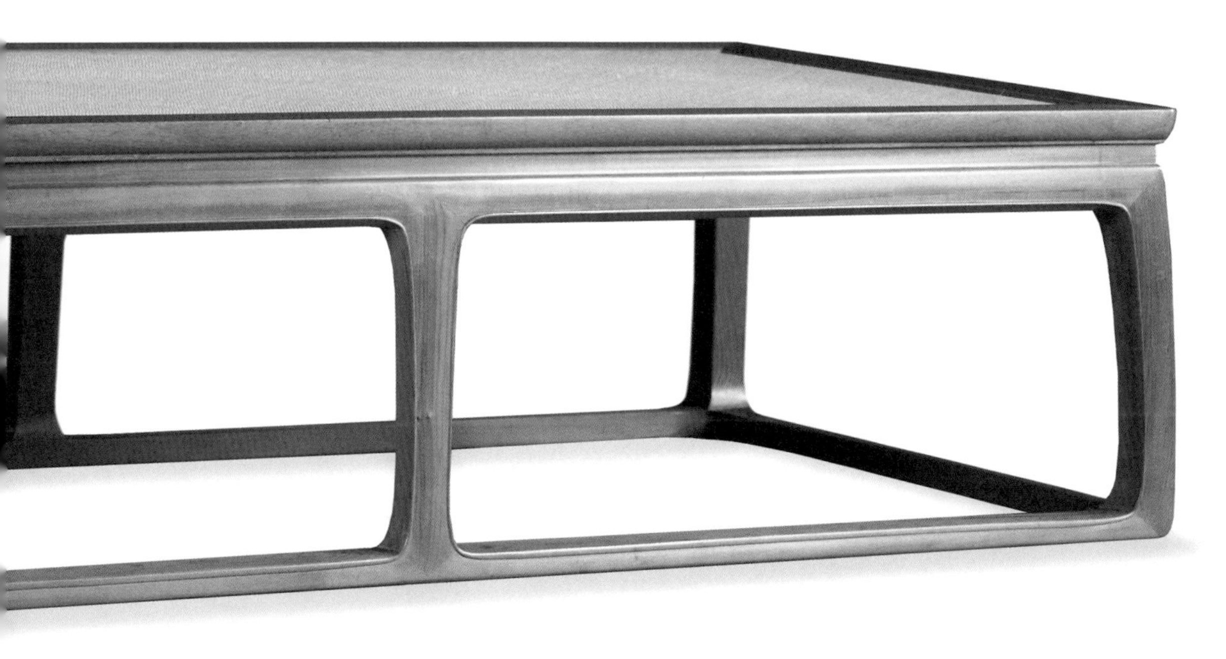

不仅是榻，胡床也可以为文人创作提供灵感。高濂引用唐子西之语云："……往往独坐与此，解衣盘礴，箕踞胡床之上，含毫赋诗，曝背阅书，以释忽忽之气自妙。"

高濂在此列举诸多生活用品，归纳为"怡养动用事具"，其中包括床、榻、椅、凳等各类家具和家居用品，从使用的过程中可以使身体直接受益，简要列举如下：

二宜床——神爽意快；石枕——明目益睛；隐囊——似觉安逸；靠背——偃仰适情，甚可人意；短榻——坐禅习静，共僧道谈玄；藤墩——如画上者，甚有雅趣；仙椅——使筋骨舒畅，血气流行；滚凳——往来脚底，令涌泉穴受擦……从中不难看出，家具作为与人身体接触最为密切的器物，完全符合中医养生的命题，即遵循生命发展的规律，从而达到保养生命、健康精神、增进智慧、延长寿命的目标。基于身体的家具意匠也由此展开。

柳宗悦在论述工艺之美时认为"用"即为美，并补充说："不能将用理解为唯物之意，因为物心二者不可分开考虑。所谓用，既是物之用，又是心之用。器物不仅仅是使用，也可以供观赏和把玩。"[17] 无论是物之用还是心之用，都强调了身体的参与性。

17 （日）柳宗悦．工艺之道［M］．徐艺乙，译．桂林：广西师范大学出版社，2011：190．

家具和身体的交流可分为以下几个方面，即触觉、视觉、听觉、嗅觉。

触觉

帕拉斯玛（Juhani Palasmma）在他的文章《建筑七感》中，列举了人对建筑的七种知觉，完整地阐述了作为现象学的知觉在建筑学中的作用。帕拉斯玛认为，不同的建筑可以有不同的感觉特征，除了通常流行的"眼睛的建筑学"，或者说"视觉建筑学"，还应该有一种肌肤的、触觉的建筑学，一种重新认识听觉、嗅觉和味觉的建筑学。[18] 和建筑相比之下，家具和人的各种感官的联系更加密切，因为身体和家具是紧密接触的关系，所以感官接收到

18 周凌．空间之觉：一种建筑现象学［J］．建筑师，2003，105：54．

的知觉信息也会更加直接和快捷。

1. 手

正如康德所说："手是人外在的大脑。"[19] 帕拉斯玛也说："眼睛是一种强调距离和间隔的器官，而触摸则强调亲近、私密和友爱的感受。""手是一个复杂的器官，是一个三角地，来自四面八方的生命信息源源不断地在这里汇聚，汇聚成行为的河流。人的双手有它们自己的历史，有它们自己的文明。它们也因此显得特别美丽。"[20] 除了视觉欣赏，传统文人对于器物常常也在触觉中体验，如明代的曹昭形容好的玉器是"温润而泽，摹之，灵泉应手而生"。对家具的触摸生情也记载在家具的题识上，项墨林棐几和宋牧中大画案上分别有"拂之拭之，作作生芒"和"摩挲拂拭，私幸于吾有夙缘"的描述。嘉庆间海宁藏书家陈鳣更是将家具的质感比喻为少女的肌肤，其椅子上刻的四首铭文中的一首云："坐与留同，言乃制为是器。日三摩挲，何如十五女肤。"明式家具的表面细腻温润、柔和恬美，手到之处没有一处有尖棱之感。以南官帽椅为例，扶手、鹅脖、连帮棍等的截面大多为圆形，抹头和牙头的转折处经过打磨皆成细微的圆角。打磨是制作明式家具非常重要的工艺，要做到平面处光滑如镜面，转折处圆润而温和。尤其是圆角的处理，随着家具结构的变化产生出丰富的曲面形体，丰富了使用者的触觉感知，并奠定了明式家具的造型艺术特征。

19 周凌. 空间之觉：一种建筑现象学 [J]. 建筑师，2003，105：54.

20 周凌. 空间之觉：一种建筑现象学 [J]. 建筑师，2003，105：54.

手的触摸是人对外界反应较为直接和敏感的方式，物体的质感和肌理都通过手来传达给大脑。比如黄花梨家具之所以受到推崇，除了其材质、纹理的美感之外，还因为在所有硬木中它的油性最大，摸上去有温润如玉之感。

圈椅是明式家具中常见的椅子类型，其做法实为打破搭脑和扶手的界限，将二者连为一体、一气呵成。它将人的背部和手臂自然托举，形成最大化的接触面积。椅圈中间略粗，向两侧逐渐

图 1–22
圈椅

变细，并在最后形成一个向外翻转、接近球形的端头（有民间匠人称之为“鳝鱼头”）。人在坐的时候双手不自觉地握住椅圈从两侧由上顺势而下，往返摩挲，而最后的端头也恰好符合手掌内裹的尺度，使人有一种握住的安定感并不自觉地产生揉搓的动作。连帮棍虽然是一种结构部件，但是它的上细下粗的弧形或S形曲线也令人常常会上下摩挲。家具和人在此悄然进行着交流，人在落座中体味着自然和造物之美。（图1-22）手对于家具的触觉感知不仅仅是光滑度，还有温度、湿度等变化。芬兰建筑师阿尔瓦·阿尔托在谈到家具设计时说：“家具的一个片段形成一个人日常生活的一部分，它不应当过于光滑耀眼，它也不应当不利于声音和声音的吸收等等。与人接触的最为亲密的一个片段，如一把椅子，就不应当用那些导热性能太好的材料来制造。”[21] 明式家具中常用的硬木材料的温润特征也符合了人对于导热性的要求。

21 周凌．空间之觉：一种建筑现象学[J]．建筑师，2003，105：55.

22 刘力红，孙永章．扶阳论坛[M]．北京：中国中医药出版社，2011：135.

23 陈增弼．明式家具的功能与造型[M]//张绮曼．环境艺术设计与理论．北京：中国建筑工业出版社，1996：176.

2. 背

椅子的靠背板的设计是一个重要的命题。明式家具的靠背板不是承托整个背部，而是用一块窄板承托人的背部中央部分，其实主要作用是承托人的脊柱。从中医的角度来说，脊柱的健康至关重要，它直接关系到人的生命问题。中医认为：“命门是生命之门，是任督二脉的起点。从督脉的循行路线上看，督脉是夹脊而行，贯脊而上，这就说明督脉和命门与我们的脊柱问题密切相关。”[22] 所以，基于人的身体健康，明式家具设计出了S形或C形的贴身椅背，无论是官帽椅还是圈椅，靠背板的设计都符合人体的尺度和角度。陈增弼先生认为：“根据人体特点设计椅类家具靠背的背倾角和曲线，是明代匠师的一大创造。明代匠师根据这一特点，将靠背做成与脊柱相适应的S形曲线；并根据人体休息时的必要后倾度，使靠背具有近于100° 的背倾角。”[23]（图1-23）

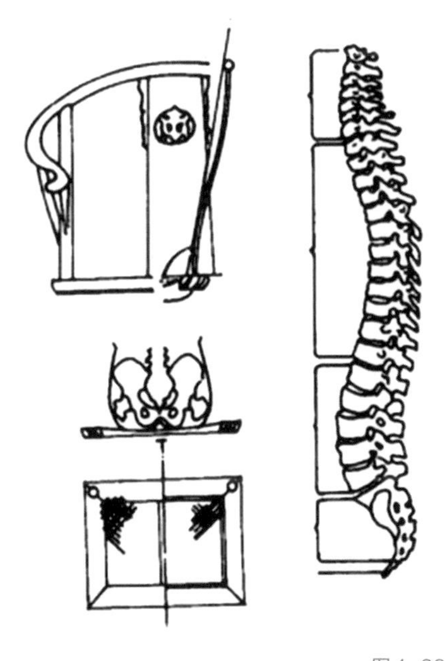

图1-23
椅背与人体脊椎的关系

李渔在《闲情偶寄》中认为理想的卧坐方式是孔子

提倡的“寝不尸，居不容”，即睡觉时不要仰卧，落座时不要过于严肃，代表了文人风雅斯文的仪态，并提出正当的坐姿是“勿务端庄而必正襟危坐，勿同束缚而为胶柱难移”。笔者根据实际经验认为：明式太师椅靠背板有的是 C 形曲线，椅圈和靠背板共同对人的背部起到承托作用；而官帽椅或灯挂椅的 S 形靠背板的下部凸起部分主要对人的腰部起承托作用，这样人落座时恰好形成含胸拔背的坐姿，既不僵化呆板也不能完全放松，符合正襟危坐的中国式礼仪。(图 1-24)

3. 臀

臀部是人身体和家具接触较多的部位。明式家具中的坐具对于臀部的感受也非常重视，多使用较为舒适的材料。藤床的使用在北宋就有，古人诗词中多有体现，如“暂借藤床与瓦枕，莫教辜负竹风凉”(苏轼《归宜兴留题竹西寺》)，“藤床纸帐朝眠起，说不尽，无佳思”(李清照《孤雁儿》)。明代的坐具和卧具的承载

图 1-24
椅子靠背板的曲线

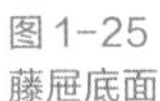

图 1-25
藤屉底面

图 1-26
藤屉表面

面多是采用上藤下棕的做法，即坐面由两层组成，上面一层是编结细密的藤席，下面一层是结成网状的棕绳（图 1-25）。江浙地区夏天比较湿热，藤席的透气性使人可以长时间坐卧而不积汗，而棕绳的韧性保护了藤席不会被压断，同时棕绳的弹性极大地提高了坐卧的舒适性。这种做法一直延续到清代以后，弹性使得椅面的舒适度较以前得到了很大提高。不仅如此，藤席表面平滑中有摩擦的淳朴质感和木材圆润细腻的质感产生了微妙的对比关系，丰富了身体对于家具的触觉体验。（图 1-26）

4. 足

按照中医理论，人体六条经络经过足部，同时足部还有 60 多个穴位，其中涌泉穴是少阴之源头，和人的身体健康关系密切。古人对于足部的关怀体现在家具的脚踏上。脚踏在《鲁班经匠家镜》中有不同种类的称谓，如禅椅前的称为盛脚盘子，桌下的称为踏脚，床前的称为前踏板，或直称为搭脚仔凳。由于中国的建筑室内地面多由夯土制成，地面的湿气会影响人的身体健康。按照中医理论，人体的颈部、腰部和足部这三个部位最怕受到风寒侵袭。脚踏的主要功能便是令脚与地面拉开距离，以免接受地面的湿气，其作用和干栏式建筑的出发点是一致的。这样一来人在落座时就完全脱离了地面，后来也成了礼制等级的标志。从宋画和明代的木刻版画中可以看出，当文人雅集或官员会客时，地位稍高的人会坐有脚踏的椅子，而地位稍低的人没有脚踏（图 1-27）。从宋代就出现了脚踏的雏形，到明代出现了滚凳，它通过脚和滚轴的摩擦达到按摩的功效。搓揉涌泉穴是足部保健中最常用的方法。唐朝大医学家孙思邈主张“足宜长擦”。文震亨在《长物志》中说：“脚凳以木制滚凳，长二尺，阔六寸，高如常式，中分一铛，内二空，中车圆木二根，两头留轴转动，以脚踹轴，滚动往来。盖涌泉穴精气所生，以运动为妙。竹踏凳方而大者，亦可用。”[24] 滚凳按摩脚底穴位可以活动经络，利于血液循环，对老年多病、行动不便的人颇为相宜，甚至可以说滚凳应是一种医疗用具。屠隆和高濂都提到了这一家具的做法，并强调了其对身体的益处。(图 1-28)

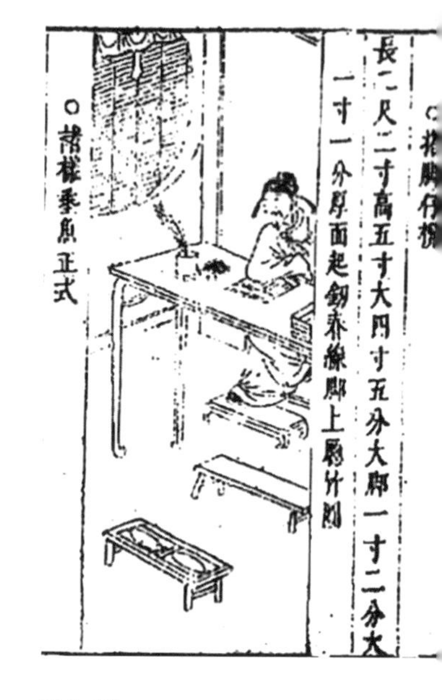

图 1-27
明代木刻版画中的脚踏与滚凳

视觉

视觉是人获取艺术美感的重要途径，但是视觉活动对于审美对象的感知不是简单的接收，而是具有选择性和创造性。如鲁道夫·阿恩海姆所说：“应该把视觉活动视为一种人类精神的创造性活动。即使在感觉水平上，知觉也能取得理性思维领域中称为‘理解’的东西。”[25] 明式家具在使用过程中给人的视觉体验是丰富而多义的，本节从以下几个方面来论证造物者基于视觉因素的创作方法。

1. 视觉矫正

明代家具的整体造型沿袭了传统建筑的做法，从尺度上基本是上窄下宽的侧脚做法，民间工匠称为“梢”或“挓”。这种做法保证了家具的稳定性，并产生端庄稳重之感，完全符合古典美学的特征。不仅如此，这种做法还承载了更多的视觉语言信息。从视觉体验而言，这种侧脚做法还有一个作用就是利用了反透视原

图 1-28
滚凳

24 文震亨．长物志 [M]．重庆：重庆出版社，2008：247.

25 ［美］鲁道夫·阿恩海姆．艺术与视知觉 [M]．滕守尧，朱疆源，译．成都：四川人民出版社，1998：56.

图 1-29
唐代建筑山西五台山南禅寺

理，具有视觉矫正的作用。米开朗琪罗为了使他的作品《大卫》符合人的视觉审美习惯，故意将他的头部尺度加大而腿部变短，这样高大的大卫才不会显得腿长而头小从而失去力量的美感。有文献证明中国的透视原理要早于西方出现。南朝的宗炳在其《画山水序》中描述："且夫昆仑山之大，瞳子之小，迫目以寸，则其形莫睹，迥以数里，则可围于寸眸。诚由去之稍阔，则见其弥小。"他的理论和一千年以后的西方画家丢勒的验证方法如出一辙。但是有足够的证据表明古代山水画家在创作时没有将透视法进行广泛的应用，反而有意违反了透视原理。比如在宋代画家李唐和范宽的绘画中，人物的尺度和周边环境并不相符，但是这并没有影响宏大的场景所带来的意境。而利用近大远小的理论做设计似乎在建筑上出现得更早。中国的木建筑的收分更早出现，建筑外沿的檐柱本身下粗上细，柱子越向上越向内角倾斜（古代称为"侧脚"），这种做法实际上增加了建造的难度，但是换来的却是视觉上的舒适。中国的古代建筑正立面总体上是水平向伸展的矩形，因为立面尺寸下大上小的做法产生了垂直方向上近大远小的透视感，这种错觉带来的后果便是建筑的视觉高度要高于实际高度。（图 1-29）

这种视觉矫正原理应用在家具设计上的理论几乎为零，但是从对明式家具的实测中可以找到大量的证据。从人的正常视角来说，看家具的视角和看建筑的视角是相反方向的。以椅子为例，由于尺度的原因，由从下而上的仰视变为从上而下的俯视。如果家具立面做成上下垂直的矩形，那么根据透视原理势必会产生上大下小不稳定感，下出梢的做法从视觉上对不稳定感做了矫正。由此不难理解，在所有明代的木刻版画故事的画面中，无论是几案还是椅子，下出梢的做法均消失了，所有的家具变成了上下垂直的结构，虽然与实际情况不符，但是却满足了人正常的视觉需求，反过来也验证了下出梢这种做法的动机。根据人的正常视角，高度在人视平线以下家具多有挓的处理，家具越低腿足倾斜的角度就越大。如图 1-30/ 图 1-31 所示的平头案正立面的腿足的上端间距和下端间距相差 40 多毫米，看上去挓就非常明显；像八仙桌的腿足就微微倾斜，角度几乎看不出来，但是腿足的内侧向下会

图 1-30
箭腿平头案

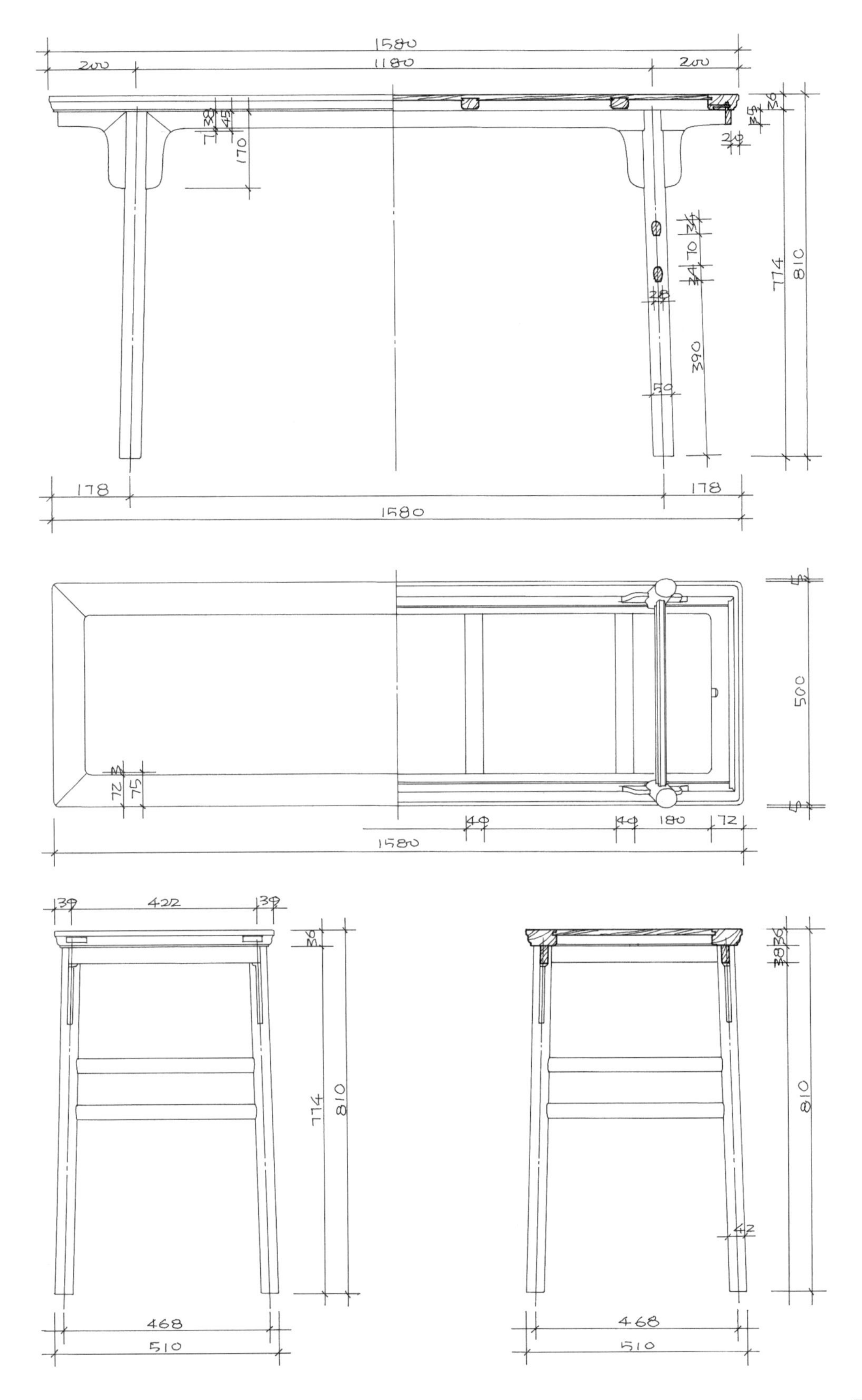
1580
200
1180
200
170
774
810
390
178
178
1580
500
72
75
180
72
1580
422
774
810
468
510
810
42
468
510

图 1-31
平头案三视图

有一个削挖的角度，也同样能达到视觉矫正的效果。小板凳腿足挓的角度最大，技术难度也较大，所以做一个“四腿八挓”的小板凳也成为一个木匠师傅入门的基本功。而较高的家具如顶箱柜、大四件柜或六件柜因为符合人平视的习惯就不需要做出明显的挓的效果了。

圈椅以流畅的圆形弧线将靠背和扶手连为一体，形成大气端庄之感。不仅如此，这条弧线的细部处理上也采用了视觉矫正的做法。基于近大远小的透视原理，圈椅的椅圈从正面看过去是存在粗度的视觉变化的，而为了让这条弧线看上去保持流畅有力的视觉效果，古代工匠有意加大了椅圈中部的粗度，这样不但加强了椅圈承担坐者后背的荷载力，同时也起到了视觉矫正的效果，让人在远距离观看椅子时有椅圈粗细基本均匀的感觉，从而达到均衡的视觉效果。

2. 四维变化

家具作为一种立体的三维造型艺术，造物者从初期就考虑到它给人带来的视觉感受。如鲁道夫·阿恩海姆阐述立体的视觉概念时所说“物体的视知觉形象（概念）不等同于从某个特殊的投影方位所见到的该物体的形象”[26]。家具如同雕塑一样，随着人的视角的运动变化而呈现出不同的态势。明式家具的造物者也遵循这一视觉规律进行创作，令家具摆脱单一方向的视觉平面感。

26 ［美］鲁道夫·阿恩海姆. 艺术与视知觉[M]. 滕守尧，朱疆源，译. 成都：四川人民出版社，1998:128.

首先，家具的基本型是一个六面体结构，六个截面会采取不同的处理方式。通常工匠将正立面作为“看面”来重点处理。比如有的椅子看面的腿足之间会用券口牙子来连接，而侧面的腿足之间就只用牙条来连接；有的椅子正面的壶门上有卷草纹浮雕，侧面的壶门是素面的。而所有的家具都是将纹理最好的材料和精湛的雕刻放在看面，有些皮具的金属合页正面形状和侧面也不同。

其次，一些结构的做法也使家具在不同的角度产生变化。以椅子为例，一般的椅子有四根管脚枨，为了避免榫眼相交或太近而影响腿足的坚实，四根管脚枨高度各有不同，这种做法民间工匠称为“赶枨”。看面的最低而且形状较为扁平，以便于踏足并使脚底舒适，底下还有牙子承托，增强它的支撑力，其他三面的这一部位就不一定有牙子。四根管脚枨有的做法是前后高度一样，两侧的高度一样，但是高于前后高度；有的做法是两侧的管脚枨高于前面的，但是后面的又高于两侧的，民间工匠师称之为“步步高”。这种“赶枨”做法使人对家具产生丰富的视觉变化 (图 1-32)。

图 1–32
赶枨做法

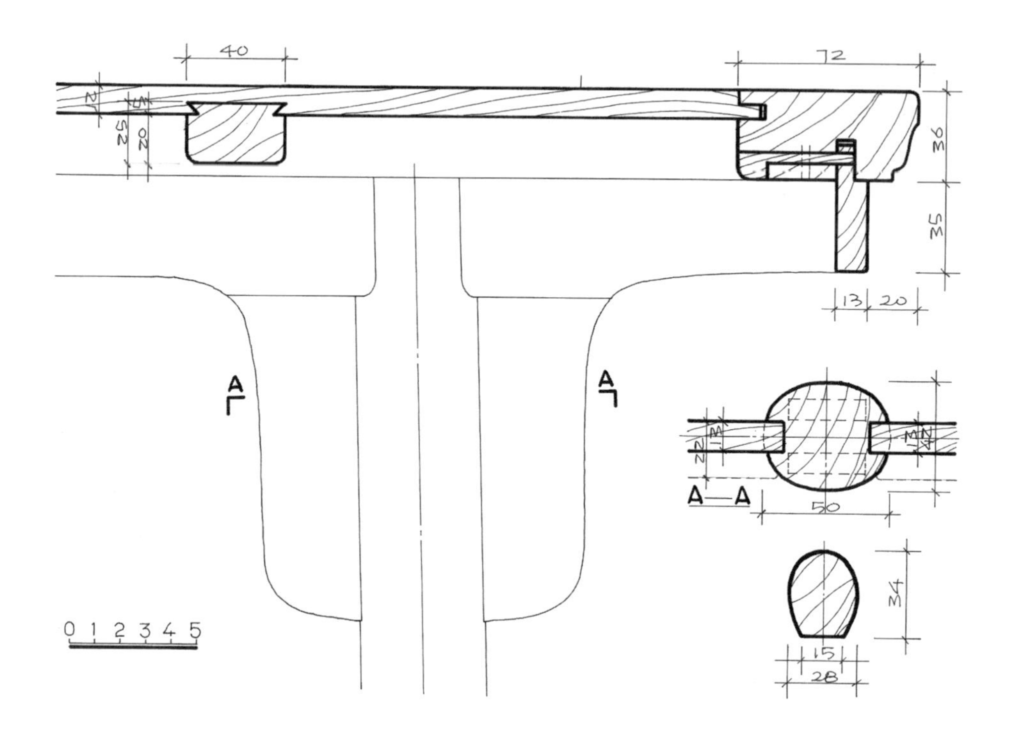

图 1-33
平头案腿足剖面局部大样图

椅子的后腿一般上下为一木连做。为了和扶手、连帮棍等从视觉上保持整体和谐，后腿的上截的截面处理为圆形；为了固定和支撑坐面，后腿的下截的截面处理为外圆内方的形式。这样既保证了家具的稳固，又在视觉上起到了丰富体验的作用。无论从任何角度看去，家具的下半部四条腿的视觉效果均不一样，粗细各有不同。如果围绕着椅子转动，视觉就会产生微妙的动态变化，就像动画片一样。这种随着时间变化而产生的物象变化，类似于中国园林步移景异原理，起到四维变化的作用。

最后，单件的不同截面的比例处理方式也有所不同。比例是古典美学中重要元素，明式家具优美和谐的比例是它的特点之一。有专家学者曾对明式家具中内含的黄金分割比做过深入的分析。不过家具毕竟是一个三维立体的器物，不能只分析一个立面的比例而置其他立面于不顾。在设计的时候，明代的家具造物者已然考虑到了这一点，在家具细部构件的形态处理上有着精妙的处理。以条案为例，它是中国家具的特有形制，在古人的厅堂或书斋中经常用到。条案的腿有方形也有圆形，在此仅分析它的圆形的制

式。实际上看似圆形的腿足截面大多为椭圆形。条案的正立面外轮廓是横向的矩形，侧立面是竖向的矩形，为了分别与正立面和侧立面的矩形相适应，腿足在条案正立面一侧的直径是椭圆的长径，而在条案侧立面那边的直径是椭圆的短径。这样就使正面和侧面都能保持较为和谐的比例关系。(图 1-33)

3. 视错觉

贡布里希曾说："透视法可能是一门难以掌握的技术……它的基础是建立在一个不容置疑的简单经验事实之上，也就是说，我们不能拐过角落看东西。"但是这一点恰恰被中国古人巧借利用了。以图 1-33 的平头案为例，古人在设计家具时尽量保持其整体的完整性。为了保持整体感，看上去腿足和横枨似乎都是采用了横截面为椭圆的形式，仔细观察后发现其实不然。横枨的横截面是一个不完整的椭圆形，看上去像是一个椭圆下部被切割掉近四分之一大小面积，底端保留的是一个横切面。这样一来，因为横枨的位置相对于人正常的视平线来说比较低，人所看到的横枨的外轮廓线就停留在切割的部位外沿，虽然经过切割但是横枨的感觉反而更粗了，给人的感觉更加坚实，同时这种做法也节省了木料。

明式家具的造物者为了保持家具线条的韵律美感，也利用视错觉来设计结构特征。王世襄先生的书中曾提到家具分为有束腰和无束腰两种造型，并论证了束腰特征来自建筑的须弥座的台基形制。但是建筑的须弥座是上下平行的几层石材，家具的束腰只是在外观上保持了平行水平线的特点，内部结构却和须弥座的结构大相径庭。通过分解图可以看出，带束腰的家具腿部实际上从下而上直通面板，因为中间的弯度以及和牙条连接处隐藏了腿足的上部结构，产生了腿足和牙板首尾相接的错觉，这种做法既保证了桌子的结构稳固，又维持了须弥座所体现出的力的水平向平衡美感。(图 1-34)

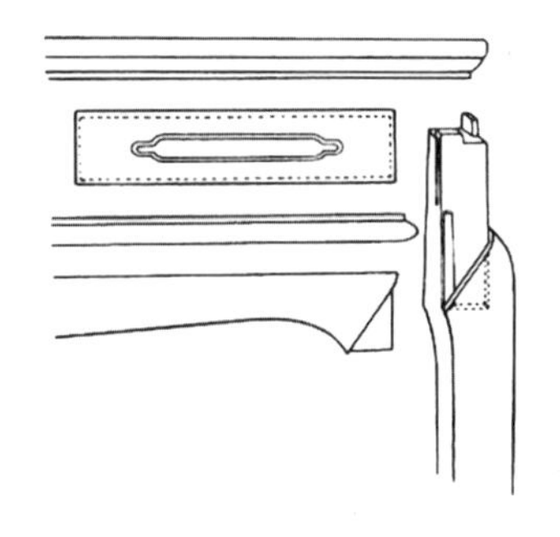

图 1-34
平头案腿足剖面局部大样图

嗅觉

嗅觉体验在明代文人的雅致生活中占有一席之地。“宋元以后，焚香、烹茶、插花、挂画被文人雅士并举为生活四艺，他们悠游俯仰其间，摩挲叹赏而流连咨嗟，经常在手舞神移的时光里，释放了生存的窘意，提升和开拓了风雅的能力及经验。[27]”从中不难看出，“四艺”中有“三艺”与嗅觉有关。

27 张谦德，袁宏道．中国生活经典•瓶花谱 瓶史 [M]．北京：中华书局 ，2012.

除了在香炉之外，古人还有熏笼、香兽、香囊、香盒之类用品，放在不同的地方或者随身携带。高濂根据诸多香类的味道特性，以拟人的手法将其分为六类，即幽闲者、恬雅者、温润者、佳丽者、蕴藉者、高尚者。这六类香的功效，他分别归纳为清心悦性、畅怀舒情、远辟睡魔、薰心热意、醉筵醒客、祛邪辟秽。古人的嗅觉体验在不可缺少、无处不在，并被升华为一种审美活动，在雅集的时候常有闻香的过程。

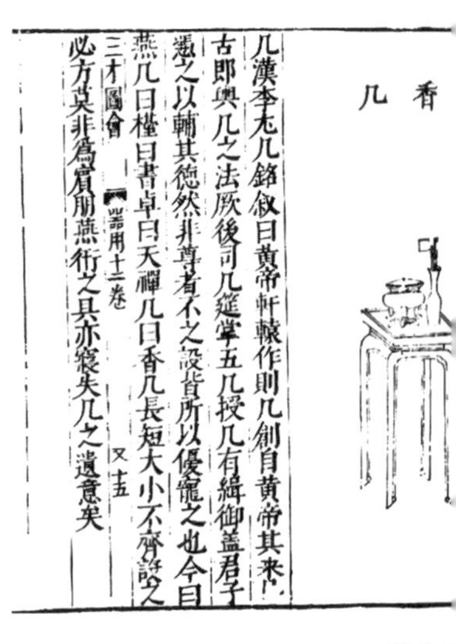
香几

几漢李尤几銘叙曰黄帝軒轅作則几創自黄帝其來
古即與几之法厥後司几筵掌五几授几有緌御蓋君子
憑之以輔其德然非尊者不之設皆所以優寵之也今曰
燕几曰橙曰書卓曰天禪几曰香几長短大小不齊詳之
三才圖會 器用十二卷 又十五
必方莫非爲賓朋燕衎之具亦寝失几之遺意矣

图 1-3
《三才图会》中的香几造

有些家具正是基于嗅觉的体验而产生，如放置香炉的香案、香桌、香几等，各自具有特定的形制，《三才图会》中就专门列出香几的造型（图 1-35）。文献中也多有记载，“龛外各垂小帘，帘外设香案于堂中，置香炉、香盒于其上。两阶之间又设香桌亦如之。”[28]（《大明会典》）（图 1-36）或者在室内陈设时指定某些家具承载这些香器。“小室，几榻俱不宜多置，但取古制窄边书几一置于中，上设笔砚香盒熏炉之属，俱小而雅。”“卧室……小方杌二，小橱一以置香药玩器。”（《长物志》）

李渔曾谈到他设计床帐的四个理念，即“床令生花，帐使有骨，帐宜加锁，床要着裙”[29]，而第一个“床令生花”的理念便是基于嗅觉的设计。他认为文人案头的瓶花盆卉不能在夜间陪伴，并强调夜间嗅味相比白天更为重要：“白昼闻香，其香仅在口鼻；黄昏嗅味，其味直入梦魂。”于是他在床后暗藏一托板，以三脚架固定在床柱之上，并以彩色纱罗将其掩盖，然后将各种花卉及龙涎佛手、木瓜香楠等置于其上。“若是，则身非身也，蝶也。飞眠食宿，

28 朱家溍．明清室内陈设 [M]．北京：故宫出版社，2012：32.

29 李渔．闲情偶寄 [M]．北京：华夏出版社，2006：231.

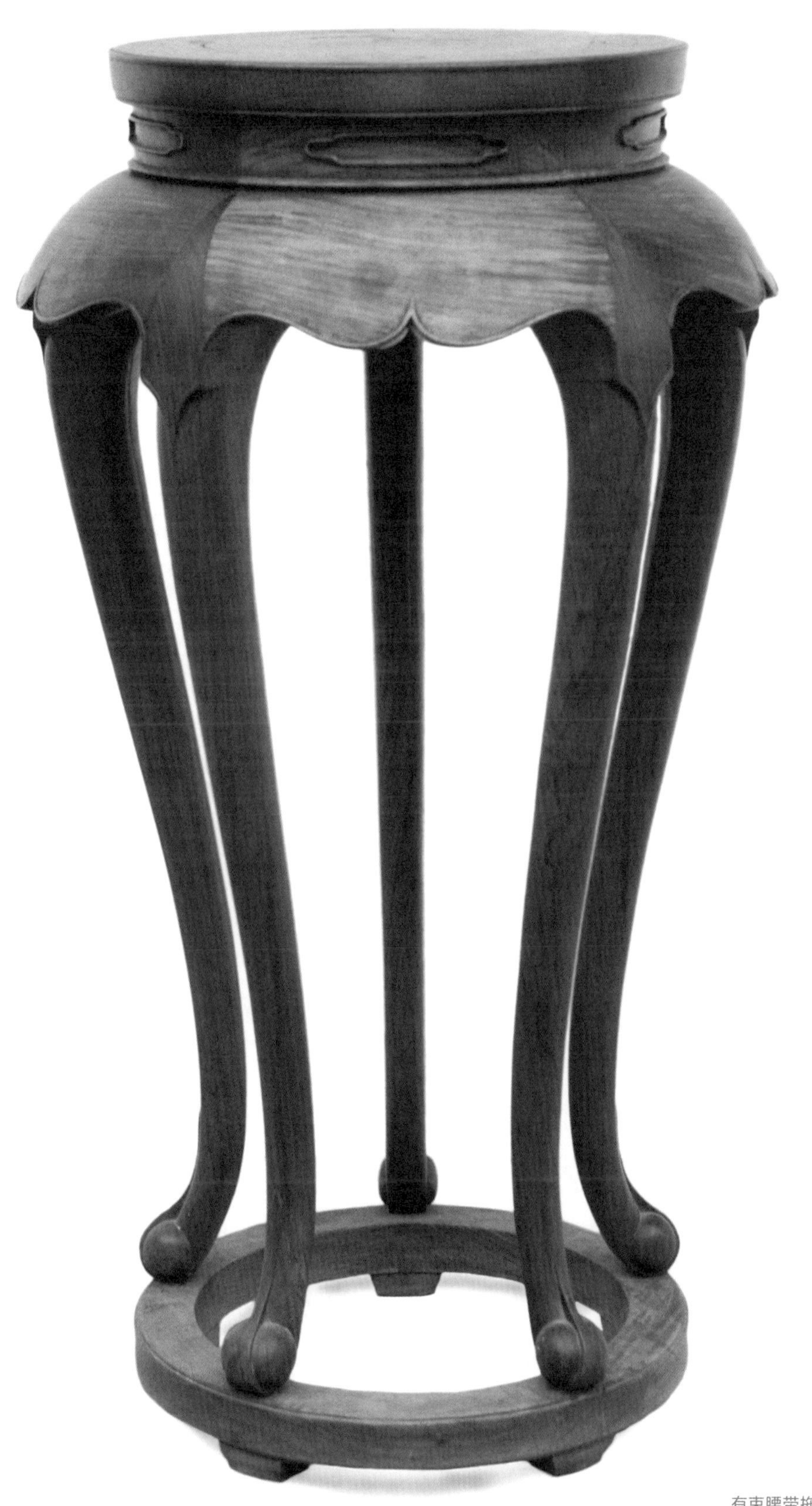

图 1-36
有束腰带拖泥三弯腿圆香几

尽在花间；人非人也，仙也，行起坐卧，无非乐境。”庄周梦蝶是道家的最高理想，在此通过床上的嗅觉体验便可体会到物我两忘、逍遥自由的境界。

对于家具来说，选材的时候不但要关注木质的肌理美感，更要把味道好作为衡量家具木材的重要标准。宋代叶廷珪在《香谱》中描述黄檀、白檀、紫檀时谓“其木并坚重清香，而白檀尤良”。生活在明代初期的曹昭描述花梨木时就特别提到它的味道，他说：“出南蕃，紫红色，与降真香相似，亦有香。”。明代李时珍在《本草纲目》描述楠木时形容为“气甚芬芳”，描述樟木时形容为“宜于雕刻，气甚芬烈”。这些都是在明代较为流行的家具材料。

古斯塔夫·艾克先生也曾说：“明代和清初格式的柜橱……至今仍保存着强烈的香味。这香味证明其木材属于花梨木群。”[30] 我们走进一个以硬木家具为主的室内空间，从人的感官知觉上来说，往往是嗅觉的反应要先于视觉，木材的味道直接触及人的心灵，带来自然之美的感染；然后视觉反应会跟进来细细品鉴家具的造型；接着是触觉的把玩和拂拭；最后达到全身心的放松和愉悦。

30 ［德］古斯塔夫·艾克. 中国花梨家具图考[M]. 薛吟，译. 北京：地震出版社，2014：28.

听觉

听觉是中国古典环境艺术设计中的重要元素。古人在造园时注重理水营造出潺潺流水声，种植荷花以达到“留得枯荷听雨声”的通感，在书房中能弹琴满足人的听觉的感受。

“琴棋书画”是古人体现文化修养的必备传统，其中操琴是古人修身养性的重要活动。屠隆说：“琴为书室中雅乐，不可一日不对清音。”他同时也认为即使不会弹奏，室内也应该有琴，以营造高雅的文化氛围。为了使琴声更加优美动听，古人在琴室空间的声学处理上也都煞费苦心。屠隆和文震亨都描述了古人在室内地下埋缸，缸悬铜钟，以此产生共鸣。他们更提倡在楼房底层演奏，为了“声透彻”；或在乔松、修竹、岩洞、石室等清静之地操琴，“更为雅称”。屠隆在《考槃余事》中也记载了琴台的设计:“以河南郑州所造古郭公砖，长仅五尺，阔一尺有余，上有方胜或象眼花纹，用镶琴台，长过琴一尺，高二尺八寸，阔容三琴，以坚漆涂之。或用维摩式，高一尺六寸，坐用胡床，两手更便运动。高或费力，不久而困也。尝见一琴台，用紫檀为边，以锡为池，于台中置水蓄鱼，上以水晶板为面，鱼戏水藻，俨若出听，为世所稀。”[31]

31 屠隆. 考槃余事[M]. 北京: 金城出版社, 2012: 179.

曹昭在《格古要论》中解释了郭公砖是一种中空材料，作为琴台也是声学的处理方法，以达到共鸣来增强音效，如他在文中说:“佐尝见郭公砖灰、白色，中空……砖长仅五尺，阔一尺有余，此砖架琴抚之，有清声，泠泠可爱。”而用鱼池兼做琴台的做法结合了视觉的美感，就更加富有创意了。

如宋徽宗赵佶的《听琴图》所示，演奏者要正襟危坐，古琴要放置在桌上弹奏。到了明代，琴桌形制逐渐成为一种单独的家具门类，在明代出版的《鲁班经匠家镜》中就将“小琴桌式”专门列为一种家具形式。琴桌的设计不仅要在造型和尺度上符合古琴和演奏者的要求，在声学处理上也都有考量。王世襄先生的《明式家具珍赏》里录有一款明代琴桌，桌面是双层中空结构，内部形成一个共鸣箱，而且里面还设有铜丝弹簧，“一拍桌面，嗡嗡作响”，似乎能有助于琴声的传播。尽管王世襄先生引用古琴名家的评价质疑其音效，但是从意匠的角度足可看出匠师的良苦用心。(图 1-37)

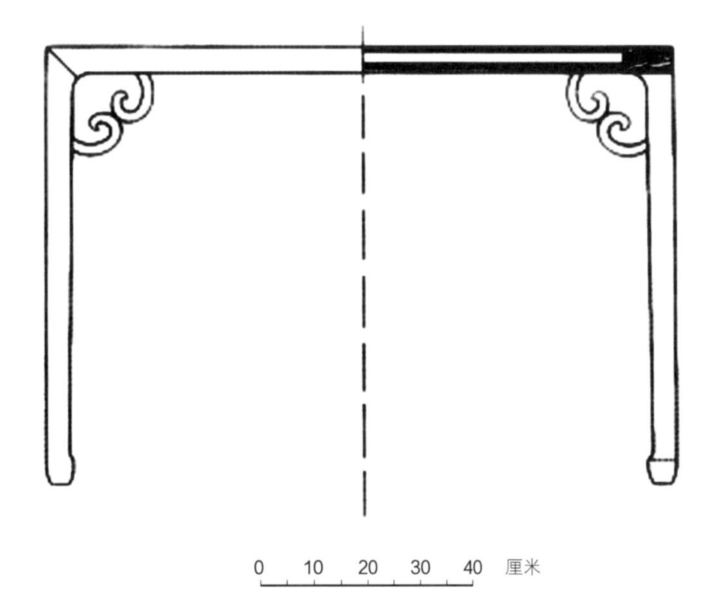

图 1-37
琴桌

英国收藏家马科斯·弗拉克斯也收藏有一款琴桌，此桌周身用黄花梨制成，唯独面板采用楠木。马科斯·弗拉克斯认为:“楠木的木性

极为稳定，硬度不及黄花梨，可以用来吸收古琴的振动，以改善音质。”[32]

各种精巧的金属件（俗称“铜活”）的应用也是明式家具的特点之一。尤其在使用白铜制成的抽屉拉环和柜子吊牌的时候，用完归位撒手之后便会产生清脆悦耳的撞击声。这些拉环或吊牌有的是直接撞击木质表面，有的撞击下面的白铜垫片，撞击声与家具箱体或柜体的内部空间形成混响共鸣，产生余音绕梁的效果，令寂静的书房中有“鸟鸣山更幽”的意境。(图 1-38)

32 ［英］马科斯·弗拉克斯．私房观点——中国古典家具[M]．北京：中华书局，2011：234.

图 1-38
明式家具中的铜活

崇雅黜俗

——基于文人审美的意匠

《周礼·考工记》云:“知者创物，巧者述之守之，世谓之工。”“知者”即具有文化知识的人，而“巧者”指工匠，如《说文解字》云:“工，巧也，匠也，善其事也，凡执艺事成器物以利用，皆谓之工。”从中可以看出，传统造物者的身份实际上是由文人和工匠共同组成的。造物的活动过程也是艺术创作的过程，而器物美感的形成要靠创作者的艺术修养和审美取向来决定，这与文人的参与和贡献是分不开的。

明代文人雅士的身份认同

明式家具形制的形成直接或间接地受益于明代文人雅士的参与。明代中后期，皇帝怠政、宦官篡权，知识分子“修身、齐家、治国、平天下”的理想逐渐破灭，他们中的一些人开始归隐田园，将精神寄托于书画创作、园林营造、家具设计上，在自己的一方天地中独善其身、抒发性灵。明式家具的发源地在苏州。作为明代中晚期中国经济最为繁荣的城市，苏州也是当时的文化中心，它是明代文人画的代表群体“吴门画派”的发源地。这些文人画家对于当地的审美取向无疑会产生深远的影响。

1. 文人尚古的艺术追求

宋代以来，中国画坛有了职业画家和业余画家之分。职业画家是指在北宋和南宋期间服务于宫廷的画师；而业余画家是指位居官职的文人画家，他们的作品也被称为文人画。到了元代，因为蒙古政权对艺术的轻视而使职业画家剧减，但是一些政治家保持了业余绘画的传统，诞生了赵孟頫、黄公望、倪瓒、王蒙为首的画家，并使中国画完成了从写实

图 1-39
文徵明作品

主义到表现主义的革新。而到了明代，画坛更有浙派和吴派之分，其中的吴派继承了元代文人画的衣钵，逐渐胜过具有官方身份的浙派，并开创了中国画坛的新局面。吴派的主要人物都是苏州的画家，以沈周和文徵明为代表，他们或者家境富庶，无心过问政治，或者曾经在仕途受挫而专心于艺术创作。

纵观宋、元、明几个朝代的文人画作者，他们从小受过良好的教育，有着深厚的文化修养，同时因为他们深厚的历史和经学素养，在艺术创作中崇尚古意。比如元代的画家崇尚唐宋，明代的画家又推崇元代，他们的作品中看不到商业化的题材和精练的技巧。如元代的赵孟頫在画中题款曰："作画贵有古意。若无古意，虽工无益。"

如高居翰先生所言："从文徵明的文章（包括画上题款）可以知道，赵孟頫是他最仰慕的画家，同时也是他诸多风格特质中的主要典范。再者，文徵明作品中所含的古典冷静的氛围也是源于赵孟頫。"[33] 而明代文徵明的绘画在其长期治学的基础上平添了知性的素养。（图 1-39）但是对于古意的推崇并不是泥古不化，而是对于前人艺术成果的继承和创新，其中的选择和扬弃始终是艺术家所面临的命题。文人画家们正是在古意的基础上进行着创新，从而使中国绘画一步步向前发展。

33 ［美］高居翰（James Cahill）. 江岸送别 [M]. 北京：生活·读书·新知三联书店，2012：238.

这些文人画家同时也是书法大家，而中国的书法在历史上更是强调师法古人。如赵孟頫跨越唐宋而上法钟繇、力追二王而崇尚魏晋。他曾说，"我时学钟法"（《哀鲜于伯机》），"右军潇洒更清真，落笔奔腾思入神"（《论书》），最终开启元代的书法新风。而明代的祝允明、文徵明、王宠"上窥晋唐，号为明书之中兴，三子皆吴人，一时有'天下法书皆归吴中'之语"（《书林藻鉴》）。可见当时元明时期的文人在绘画和书法上都以师古作为创作的基础。

在观看明代吴派的文人画作时，我们不难发现，作品的题材大多是超越世俗现实生活，描写遁世的高人逸士在山林中游历、访友，或在湖中泛舟、渔猎，背景的山水淡墨晕染，设色清冷，画面整体显示出简、淡、清、疏、逸、闲的文人意趣。这种审美特征影响了当时整个时代的艺术活动和艺术门类，如戏曲、书法、瓷器、插花、紫砂壶等等，当然还有家具。

文人画家的群体属性不仅仅体现在画面风格上，更在于他们对于作品的态度。为了区别于职业画家，文人画家一般不会制作装饰性或实用性的作品，不屑于把作品“悬之市中，以易斗米”，拒绝将作品放入市场中参与商业运作，也就是说文人画是不会为了生计而售卖的。他们更乐于在自己喜欢的圈子里互相交换作品，或者赠画给贫困的亲友，也会接受富人的礼物并以画作充当回礼，总之，是在一定的价值交换体系范围内间接地进行。从创作上来说，不受外界的束缚和牵绊，保持了艺术创作的独立性。他们这种远离官场、拒绝商业的态度提升了作者的人格价值，使他们获得了雅士的称谓。尽管这种方式在执行方面受到一些质疑，但是至少表明了文人画家对于作品的态度。然而，事实上，文人的上述行为和态度反而提升了画作的附加值，使得文人画作更加受到市场的追捧。这种人格特征在明式家具上也反映出不俗的气质。

2. 文人博古的闲情逸致

如高居翰先生所说：“中国的文人画家及其交游的圈子，通常都兼具鉴赏家、收藏家的身份。”[34] 其实无论是职业画家还是业余画家，他们都喜欢在学习先人的同时从事收藏和鉴赏，并从中锻炼自己的史学和艺术素养。从先秦以来，收藏、博古就作为权力、财富和地位的象征，到宋代逐渐演变为玩赏为主要目的，以显示文人雅士的学识高下。历代文人的收藏爱好也各有不同，王丽卿博士总结说：“欧阳修主要收藏历代的石刻拓本，李公麟则偏重收藏古代铜器，赵明诚和著名的女词人李清照夫妇则共同致力于金石书画的搜集与研究，而大书法家米芾则精于鉴裁，遇古器物书画，竭力求取，并多蓄奇石，为我国藏石之鼻祖。”[35]

34 ［美］高居翰．隔江山色：元代绘画［M］．北京：生活·读书·新知三联书店，2012：6.

35 王丽卿．明清两代绘画中文人生活行为与家具使用关系之研究［D］．台湾云林科技大学设计学研究所博士班博士论文，2005：40.

图 1-40
明 · 仇英 · 竹院品古图

到了明代，这种博古风气更加兴盛。明代文人们不仅自己收藏，还乐于和他人交流心得和互相品鉴。文人的雅集活动中除了赏乐、品茗、弈棋、清谈、饮酒之外，还有一项重要的活动就是博古。这种现象从明代画家的作品中就可体现出来。如明代画家谢环的《杏园雅集图》，杜堇的《玩古图》，仇英的《竹院品古图》(图1-40)、《西园雅集图》和《十八学士登瀛洲图》等，画中的人物都是位居官职或归隐的文人，他们兴致勃勃地品鉴和交流着各种收藏品。这些收藏博古活动的对象主要分为两大类：一类是历代名家绘画和书法，另一类是青铜器、瓷器、玉器、木器等器物，俗称古玩。品鉴前代的书法和绘画，借鉴和吸收前人的艺术成果，是中国传统文人艺术精进的必由之路；而对于传统器物的收藏和鉴赏，也是从中体会古代造物的时代特征和文化内涵及艺术手法，并对创新器物的艺术特征和审美价值产生了促进作用。

基于文人博古的雅好，同时也因为中晚明时期商业经济的迅速增长，整个社会的收藏风气更加兴盛，并使得售卖古董的商人队伍和相关产业日益庞大。其中对于家具的收藏见于《万历野获编》中对于兜售假古董者的嘲弄:“古董自来多赝，而吴中尤甚。文士皆借以糊口。……一日予过王斋中，适坐近一故敝黑几，壁挂败笠，指谓予曰:‘此案为吾吴吴匏菴先生初就外傅时所据梧’。”[36] 可见当时已将一些特殊背景的旧家具列入古玩的行列。由于大量的赝品的存在和普通的收藏者学识的缺失，造就了从业者和收藏者都依赖于文人的鉴别和评判。元末明初鉴赏家曹昭写的《格古要论》便起到了收藏指南的作用，而明代中晚期的一些文人画家也充当了鉴赏家的角色，比如画家董其昌就是当时的收藏和鉴赏大家，还有一些人也顺应社会需求撰写相关著作。“任何认字的人此时只要读过这些书籍，就懂得如何成为一名高雅的君子——收藏什么，如何处理，安放在何处，何种文物不该摆出展览。”[37] 此类书籍流传下来的有文震亨的《长物志》、屠隆的《考槃余事》等，对于如何鉴赏书画作品和家具、文房用品、陈设艺术品及各种生活用品都提出了基于文人视角的见解。这种评价体系的确立无论对于鉴别古董还是设计创新都起到了积极的导向作用。

36 沈德符. 元明史料笔记丛刊 万历野获编·下 [M]. 北京: 中华书局, 2012: 655.

37 [英] 崔瑞德，[美] 牟复礼. 剑桥中国明代史 1368-1644, 下卷 [M]. 杨品泉，等，译. 北京: 中国社会科学出版社, 2006: 672.

明代文人作品中的审美取向

“雅”与“俗”作为两个相对的审美范畴，经常被用来标示艺术品类、人格境界之审美价值的层次高下，从而带有浓郁的褒贬意味。[38]

38 赵士林. 从雅到俗——明代美学札记 [J]. 中国社会科学院研究生院学报, 1991, 3.

雅、俗之分在文艺作品的审美评判中自古就有。《诗经》中的文体就有“风”“雅”“颂”之分，“风土之音曰风，朝廷之音曰雅。宗庙之音曰颂”。

对比一下明代吴派的职业画家和文人画家的作品就可以看出区别: 职业画家的唐寅和仇英的画面主体以贴近生活的情景和人物的现实主义题材为主，唐寅甚至还画了大量的春宫画，以此迎合赞助人或市场的需要; 而以沈周和文徵明为代表的文人画家的作品多为表现主义题材，通过画面中的地点来表达个人情感，比如怡养性情的远山飞瀑、归隐的书斋或文人离别的情景，体现出一种超然的遁世态度，也暗含了一种不向世俗低头的雅的审美取向。

明代对于艺术作品的评判也多用雅俗之称，而“雅”字常常和其他单字结合使用，比如明代书法家王世贞在品评前人作品时，就多用端雅、秀雅、精雅、淳雅等溢美之词，而其中用得最多、也是代表最高评价的是古雅，即以古为雅。这与文人画家或书法家崇尚古意是分不开的。上述这些词都有褒扬之意，总体来说是不失古人笔意和法度、不卖弄技巧、不轻浮率性，否则便可谓俗。文徵明评价祝允明的书法时说“幽深无际，古雅有余，超出寻常之外”，黄成在《髹饰录》的最后一章也以《尚古》为结束篇，说明“髹器历年愈久，而断纹愈生，是出于人工而成于天工者也”。

如上文所言，由于中国传统艺术家无论在书法还是绘画创作中都基于对前人作品的尊重和借鉴，强调“笔笔皆有来历”，在创作中对于古人笔意的追寻成为文人画的最初动机，最终表现在作品上，呈现出古雅的审美特征。清末民初的王国维认为古雅是艺术作品中由修养决定的审美性质。古雅不仅仅将审美对象限于作品表面的程式、技巧等，更是将作品背后的作者修养列为评判的标准。这种隐形的审美因素只有在中国的艺术作品中才能体现出来。王国维说：“虽中智以下之人，不能创造优美及宏状之物者，亦得由修养而有古雅之创造力；又虽不能喻优美及宏状之价值者，亦得于优美宏状中之古雅之原质，或于古雅之制作物中得其直接之慰藉。”正如邱振中教授所言：“我们在欣赏古典作品时，常常可以见到这样一些作品，它们并不以才情见长，但仍然有一种动人的文化气息。”[39] 把这种审美模式运用到明式家具身上同样也是恰如其分的。(图 1-41)

明式家具的迷人之处正是它身上焕发出来的文化气息，这也

39 邱振中. 邱振中书法论集：书法的形态与阐释 [M]. 北京：中国人民大学出版社，2012：279.

图1-41
明·谢环·杏园雅集图

是明代文化精英介入其中推波助澜的结果。《格古要论》的作者曹昭“世为吴下簪缨旧族，博雅好古”；《遵生八笺》的作者高濂是明代的戏曲家，设计了二宜床、欹床；《长物志》的作者文震亨是明代文人画家文徵明的曾孙，大学士文震孟的弟弟，本身也是一位画家，几代人一直在艺术品交易场合充当赏鉴权威和顾问；[40]《考槃余事》的作者屠隆是明代的戏曲家、文学家，“以诗文雄隆、万间，在弇洲四十子之列”，设计了叠桌和衣匣等郊游用具；《闲情偶寄》的作者李渔也是一位剧作家兼书商，他曾出版了绘画入门的教材《芥子园画谱》，亲自设计了凉杌、暖椅、香床、带有暗机关的七星箱等家具。这些文化精英对于家具的品鉴和身体力行的参

40 ［美］高居翰.画家生涯：传统中国画家的生活与工作[M].北京：生活·读书·新知三联书店，2012：38.

与设计无疑增强了家具的文人气质。

中国自古在社会等级的划分上有士农工商之别，工匠的社会地位较为低下。到了明代中晚期，随着工匠作品水平的提升，这种状况发生了改变，各类工匠被邀请或作为门客专门为士绅或高官富商服务，社会地位得到了显著提升，这种变化也促进了作品水平由“俗”到“雅”的飞跃。对此明人张岱有详尽的描述：“竹与漆与铜与窑，贱工也。嘉兴之腊竹，王二之漆竹，苏州姜华雨之箫箓竹，嘉兴洪漆之漆，张铜之铜，徽州吴明官之窑，皆以竹与漆与铜与窑名家起家，而其人且与缙绅先生列坐抗礼焉。则天下何物不足以贵人，特人自贱之耳。”[41] 由工匠身份的变化也可以

41 张岱. 陶庵梦忆·卷五·诸工[M]. 上海：上海古籍出版社，2001.

看出民间工艺品的社会属性已经上升为实用艺术。

雅俗观影响下的家具意匠

国画家黄宾虹曾说：“学以求知，先辨品流。”他主张学画伊始便要建立自己的审美评判标准，这样才能够在学习的道路上确立目标，循序渐进。自唐宋以来，品评历代书画家的作品皆用神、妙、能、逸四品为等级，并以此来作为书画入门者不断向上追求的动因。而美学批评最常用的就是“雅俗”二字，直接将作品分为优和劣两种境地，尤其是“俗”字，一旦被定义到某个作品，则直接归入下品之境地。文震亨在《长物志》一书中对于室庐、水石、禽鱼、书画、几榻、器具等的品鉴皆用“雅俗”二字。在论书画文中不断提到“书画原为雅道”，“如顾恺之、卢探微、张僧繇、吴道玄及阎立德、立本，皆纯重雅正，性出天然……”从中不难看出，他已将家具从基本的使用对象升华为审美对象，给予家具与绘画和书法等艺术门类相等的地位，同时试图以自己文化精英的身份引导家具的造物观。

文震亨在《长物志·卷六·几榻》文中对于不同种类的家具进行了评判，他分别用“雅”“不俗”“非雅”“俗”来作为审美价值的评判标准。其中“雅”字出现了 7 次，其中 4 次是强调“古雅”；“不俗”出现了 2 次，“非雅”出现了 2 次，而“俗”字出现了 8 次之多。特摘录并制表如表 1-1 所示。

根据以上文震亨的雅俗之辨将家具的造物观重新进行分析和总结，可以得出以下结论：

① 尽量接近古人的制式，这和文人绘画和书法中尚古的创作动机相一致。

② 不宜有过分的装饰和太新的附属件，不宜有繁杂的结构及图案。显示出崇尚简约的审美取向。

③ 家具尺度不可任意缩减，并强调虽然采用了名贵木材，并

表 1-1 《长物志·卷六·几榻》审美评判摘录

家具	古雅	雅	非雅	不俗	俗
榻	有古断纹者，有元螺钿者，其制自然古雅		近有大理石镶者，有退光朱黑漆、中刻竹树、以粉填者,有非螺钿者,大非雅器		他如花楠、紫檀、乌木、花梨，照旧式制成，俱可用，一改长大诸式，虽曰美观，俱落俗套
天然几					不则用木,如台面阔后者,空其中,略雕云头、如意之类,不可雕龙凤花草诸俗式
书桌					凡狭长混角诸俗式，俱不可用，漆者尤俗
方桌			以供展玩书画，若近制八仙等式，仅可供宴集，非雅器也		
台几	台几倭人所制，种类大小不一，俱极古雅精致				
椅					总之，宜矮不宜高，宜阔不宜狭，其摺叠单靠、吴江竹椅、专诸禅椅诸俗式，断不可用
杌					古亦有螺钿朱黑漆者，竹杌及绦环诸俗式，不可用
凳		凳亦用狭边镶者为雅			
交床					金漆摺叠者，俗不堪用
橱		小橱以有座者为雅。橱殿以空如一架者为雅			四足者差俗，即用足，亦必高尺余，下用橱殿，仅宜二尺，不则两橱叠置矣
佛橱佛桌	有日本制者，俱自然古雅			近有以断纹器凑成者,若制作不俗,亦自可用	
床					若竹床及飘檐、拔步、彩漆、卐字、回纹等式，俱俗
箱				又有一种古断纹者，上圆下方，乃古人经箱，以置佛座间，亦不俗	

图 1-42
明 · 杜堇 · 玩古图

且模仿旧的形制，但是尺度上如果做了改变，也会落入俗套。从中可以看出古人虽然在选材方面喜欢用名贵的硬木，但是家具的艺术价值最终还是取决于形制，材料还是次要的。显然当今家具市场的“唯材料论”是违背明式家具最初造物者的初衷的。

④ 家具宜适当留出空间，计白当黑。

⑤ 崇尚日本家具的制式和做法。因为日本在唐宋时期受到中国文化影响很深，体现在各个门类的艺术创作上，明代人又认为日本没有失去中原文化传承，其艺术继承了唐宋之风具有古雅之意。日本的髹漆工艺也是比较高的，不仅文震亨给予肯定，高濂在《燕闲清赏笺·论剔红倭漆雕刻镶嵌器皿》中也说“涂器惟倭为最”。

⑥ 雕刻的内容宜抽象不宜具象，这与中国古典美学中强调“神似”，反对一味的“形似”是分不开的。明式家具中的雕刻内容多为图案，如云纹、卷草纹、螭纹等，这些都是高度抽象化的艺术形象。

⑦ 保持木材外观，不宜上漆尤其不能上金漆。从中可见，明式家具遵循的质朴天真的艺术格调，对髹漆家具采取区别对待的态度。

⑧ 民间的竹家具和折叠家具不宜用，因为这些家具纯粹从功能出发，缺乏设计的美感，因而体现不出文人家具的特征。

⑨ 小家具宜有底座承托。这和文人闲赏清供的做法一脉相承。比如文人案头的花瓶、供石、笔床等各种摆件都需要有底座承托，一方面保护桌案表面不受磨损，另一方面也起到衬托主题的作用，使上面的器物看上去更加突出和贵重。

⑩ 文中多次提到带有断纹的漆工艺家具，这些痕迹是古雅的表现证据。同时认为元代的螺钿工艺价值较高，实际上明代后期的漆工艺也较元代更加发达。

以上十点基本上可以看出明代文人对于家具重要的品鉴标准，从流传下来的家具中或多或少可以看出其中的线索，从这些雅与俗的评判标准中也充分反映了明式家具中的人文特点。(图 1-42)

随机应变

——基于使用功能的意匠

造物的最终目的是供人使用。明式家具的形制和其使用功能密不可分，使用方式促进了形制的诞生，形制也决定了使用功能，二者是辩证统一的关系。使用功能是基于人的生活方式、行为习惯等多种因素，所以呈现出各种变化的方式，因而家具的形制也随之体现出多元性和复杂性的特点。

前文论述了家具的移动带来的空间功能的可变，而家具的活性化使用也是明式家具的特点，根据其形态的变化可以归纳为开合、组合、折叠、拆装等几种方式。

开合意匠

《易经》曰："是故阖户谓之坤，辟户谓之乾。一阖一辟谓之变，往来不穷谓之通。见乃谓之象，形乃谓之器。制而用之谓之法，利用出入，民咸用之谓之神。"从现代语义上来解释，"阖"与"辟"是"合"与"开"的意思。从这段话中不难看出，古人造物制器以利于民的基础在于变通，而变通的基础在于开合。开合也是明式家具的意匠的重要表现形式。

1. 开合的基本概念

"明窗净几"是中国传统文人对于居住环境的理想状态的描述，但是前提是要把不常用的东西收纳起来，橱柜类家具的主要功能之一便是储藏收纳。李渔说："造橱立柜，无他智巧，总以多容善纳为贵。"[42] 家具的一部分功能是收纳、储藏，由此形成了一个封闭的内部空间，而这个空间和外部空间之间形成了一个可以活动的边界，由使用者的动作来操控以实现器物的使用功能，这个过程就是开合。明式家具作为中国古代造物的典型代表，其设计的每一个细节都代表着中国人的巧工思想和审美情趣，其中对于开合的处理无不体现出传统的设计思维特征，尤其在庋具中体现得最为明显。

杜尚在他的作品《拉锐街 11 号的门》中展示了这一对概念的

42　李渔．闲情偶寄 [M]．北京：华夏出版社，2006：235.

悖论，即两个门洞共用一扇门，一个为开时另一个必然为合，一开一合的简单动作中展现了充满矛盾的两个世界，以辩证的精神诠释了开合的概念。开与合是一对反义词，它呈现的是两种状态，即开放与封闭。庋具作为明式家具中的使用类型之一，通常可以分为奁、匣、盒、箱、格、橱、柜等，它们在设计时的基本目的便是李渔所说的“多容善纳”，另外还有防尘、防盗的作用。作为容器，它们通常以封闭的姿态示人，使用时必须打开来。

2. 开合的材料和结构基础

明式家具的开合主要基于家具的材料与结构这两个基本条件。它的材料使用讲究遵循材料本性，展示其长而避其短；从结构来讲，既简单明确，又合乎力学，还不失美观。这些优点的萃合，使得明式家具的机能性得到了完美表现，让明式家具形成了一个具有鲜明民族特色的完整体系。下面分别从材料和结构两个方面论述“开合”的实现条件。

材料对于明式家具来说具有特殊意义，如今人们对明式家具的定义很多是约定俗成从其材料来定义的。自明代中叶以来，能工巧匠多用紫檀木、黄花梨、鸡翅木等进口木材来制作硬木家具。参考现在国家颁布的红木标准，明式家具多用强度高、硬度大的贵重材料，也正是因为木材的这些物理特性促成了家具新形式的产生。比如圆角柜的开合就依赖于门扇顶端和底端的木轴，抽屉的开合也是依靠木头之间的摩擦滑动，正是木材的耐磨性使这些连接部位久经摩擦而不变形，保证了家具形制的完整。

李渔在论述贮藏之器时说：“制之之料，不出革、木、竹三种，为之关键者，又不出铜、铁二项。”[43] 开合的连接部位多数靠金属结构衔接。明式家具中常用的金属件除了铁制之外多用白铜，即铜和镍或锌的合金，民间工匠俗称为“铜活”。正是因为开合的存在，应运而生了形式多样、品类繁多的铜活，常作为吊牌拉手、面叶、面条、穿钉、合页等起到连接、组合作用的构件。铜

43 李渔. 闲情偶寄 [M]. 北京：华夏出版社，2006：237.

活既能保护家具的木质部分，又能将分散的饰件组织连接起来，同时这些构件的组合使明式家具的开合更加灵动，增强了家具的功能性。

3. 开合的基本形式

(1) 平拉开合

平拉开合是指以平开门的形式完成开合的动作，比如圆角柜、方角柜、四件柜、书柜、竖柜、矮柜等，从连接方式上又可分为木轴连接和合页连接两类。

以木轴连接作为开合方式多出现在圆角柜上。门边上下两头伸出门轴，必须纳入臼窝，方能旋转开合。值得一提的是，圆角柜本身在正立面具有上窄下宽的收分处理，在柜门打开后与地面形成斜角关系，由于重力存在的力学原理，只要松开手，柜门就可以自动关上恢复原位，这也是明式家具设计的巧妙体现。(图 1-43)

图 1-43
圆角柜

合页（或写作合叶，清代名合扇），可作正圆、长方、委角方、葵花、莲瓣、云头、寿字、蝴蝶等多种样式。以合页作为开合的结构方式，多在橱、柜、箱的门或盖上。合页为金属构件，这样开合家具时既保证了家具开合的稳定性，不容易损坏，还能增加家具的美观性。如方角柜就是合页门，因为可将柜足作为门框来钉合页，这些合页和面页一起以点、线、面的形式在柜子的立面上形成具有平面构成意味的布局，使家具具有穿越时空的现代感。

图 1-44
活面棋桌

(2) 掀动开合

这类开合方式主要存在于容器的顶端，如衣箱、官皮箱等，在容器的背面有合页连接，有的在侧面有链子连接，在正面有面页、扭头等铜活，可上锁。

(3) 挪动开合

挪动开合是指将作为容器开口的界面直接取下、放置一边的形式。以活面棋桌为例（传统学者将桌子列为承具而非庋具，但它依然具有储藏功能。在明代供打双陆或弈棋使用的桌子，今统称棋桌），常见的做法是将棋盘、棋子等藏在桌面边抹之下的夹层中，上面再盖一个活动的桌面。着棋时揭去桌面，露出棋盘。不用时盖上桌面，等于一般桌子。凡此造法的，都叫做活面棋桌。至于大小和样式，并非一致，酒桌式、半桌式、方桌式都有（图 1-44）。因为设计者的匠心独运，桌面合上时往往不留痕迹，天衣无缝。通常闷户橱的闷仓也只有在把抽屉取下时才能使用。

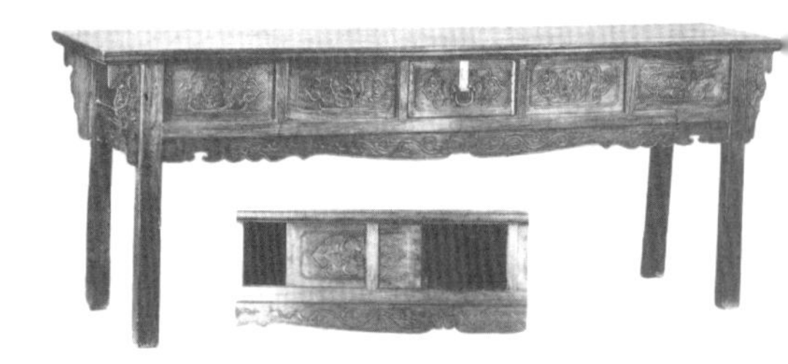

图 1-45
闷仓独屉抽屉桌

(4) 推拉开合

推拉可分为正拉和侧拉。正拉以常见的抽屉为例，运动方向垂直于家具的正立面。侧拉的运动方向是平行于家具的正立面，

如王世襄先生的《明式家具研究》里有一款闷仓独屉抽屉桌，桌下四根立柱，平列五块绦环板，只正中一块是抽屉前脸。当把正中的抽屉抽出后，左右的四块绦环板便可侧移拉动，更加方便了取放东西。(图 1-45)

(5) 利用杠杆原理开合

这种开合方式是以暗藏机关的巧妙形式来实施。以一款双屉承盘为例，它是古代文人书房的常用器物，常放置在书桌上承放文具。其正立面的长抽屉靠内置在抽屉末端的一木簧的压力开合，当将一抽屉向内推进时，木簧以杠杆原理弹开另一个抽屉。这种方式省去了拉手，让正立面保持纯净完整。(图 1-46)

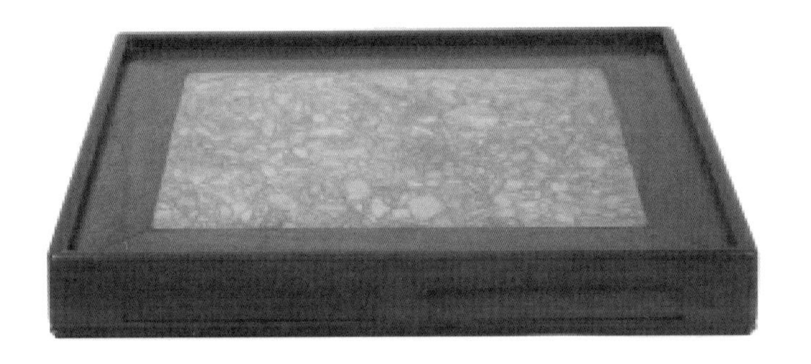

图 1-46
双屉承盘

(6) 轴钉旋转开合

这种开合方式常见于小件，如图 1-47 中的戥子盒。此盒呈简化鱼形，由上下两半组成，尾端用轴钉连接，可开可合。内置物品是称量贵重物品和药物的衡器。这种开合方式保证了容器的两部分不会完全分开，可保护内置物的安全。

图 1-47
戥子盒

以上是关于明式家具中的几种开启方式。事实上，民间家具样式繁多，并不仅限于以上所述，也常常在一个器物中有多重方式的综合使用。这些方式最终决定了家具形制的生成并由此传达出相应的设计美学特征。

4. 从开合方式中体现出的艺术特征

明式家具作为中国传统造物的典型代表，其每个细部的机能性设计都体现出古人的设计思维，从开合方式中也反映出明式家具所蕴含的艺术特征。

（1）欲扬先抑

皮具的特点是有围合的密闭空间，因为有了开合的结构方式，把内部结构空间隐藏起来，最大限度地保证了外观设计的简洁特点，从而增加了明式家具的极少主义特征。以图 1-48 中的扛箱式柜为例，最外面的一层界面如果从功能的角度来说是为了上锁防盗，但是保证外观的纯洁干净恐怕还是设计师的主要目的，在这里美观超越了功能。最外层界面被打开以后发现还有第二层界面，增强了使用者和受众的期待值，造成心理上的悬念。里面的一层往往比外面的一层在形式感上要复杂得多，造成别有洞天的戏剧性效果。这种欲扬先抑的设计手法与中国传统园林可谓是一脉相承。

（2）转换生成

以图 1-49 中的官皮箱为例。当它完全闭合起来的时候，呈现

图 1-48
扛箱式柜

图 1-49
官皮箱

的形态是一个较为完整的立方体；随着一点点打开，从不同的方向把内部结构层层展现，最后出现一个和之前形态大相径庭的样子。这种不同方向的运动模式如同变形金刚一样，呈现出一种四维动态的特点，将明式家具的机能性特征体现得淋漓尽致。与园林相比，“步移景异”在此转换为“物变景异”，虽然有人的参与，但家具自身在转换过程中俨然成为运动的主体，在人与物的关系中占据主动，让人在使用过程中体验到了器物带来的情趣。

(3) 画龙点睛

如前所述，明式家具的开合活动主要依靠金属件的连接，这些金属件在家具整体的构成方式上往往起到点线面的作用，具有现代设计的形式美感；同时这些金属件往往本身有雕刻或图案，具有极强的装饰性，丰富了家具的细部设计，增强了家具在简洁外表下的语义和内涵。同时也正是这些铜活的存在，形成温润的木材和冷峻的金属之间的质感对比，使家具的质感和肌理更加丰富。这些特点都促成和完善了明式家具独特的形式美感。

开合是明式家具机能性设计不可或缺的组成部分和重要实现形式，同时是体现家具功能性和美学意义的主要载体。开合尊重家具的物质属性，根据不同类型家具的特点和人的使用方式变换出多种多样的方式。与人们看到的家具静止的外部形态相比，开合呈现出明式家具的动态之美。富有智慧的中国民间工匠们将优质的木材、完美的结构和智巧的工艺融汇一体，在制作家具的同时赋予其灵动的生命，让使用者在日常生活中慢慢体验家具所带来的生活之趣，体现出自然、人与家具三者之间高度的和谐恬美。

折叠意匠

折叠的意匠由来已久，在中国传统造物中有很多表现，如中国传统的折扇、折叠伞，等等。我国有许多文学典藏都有对折叠的记载，比如明代魏禧的《大铁椎传》有“折叠环复”（往复环

绕）之句；蒲松龄《聊斋志异·促织》一文中也有“折藏之”（将纸片折叠好装起来）的说法。家具中的折叠做法也是很早就有的。湖北荆门市十里铺镇附近的战国晚期楚墓出土的包山楚式折叠床便是最早的一例。此床设计巧妙，通过简单的拆卸折叠即可缩小四分之三的体积，便于移动或者存放。河北满城中山靖王刘胜墓出土的漆木案的腿足，因为采用了铜质的合页，所以也可以折叠。明代的百科全书《三才图会》直接将椅子分为四类：方椅、圆椅、折叠椅、竹椅。（图 1-50）

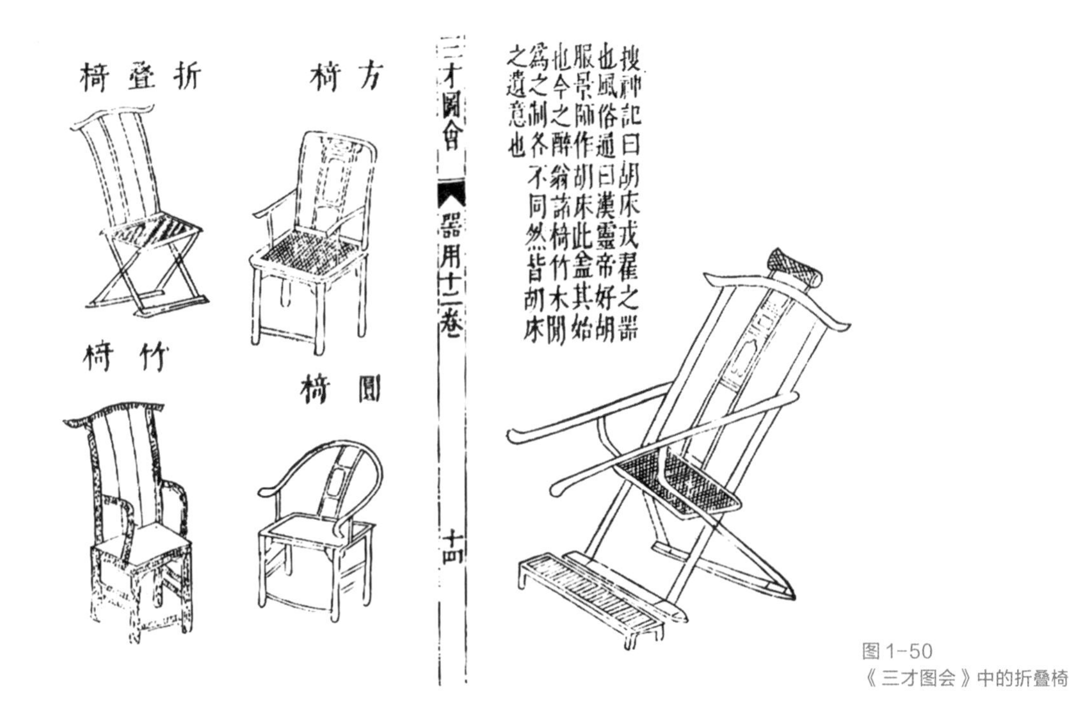
折叠椅
方椅
竹椅
圓椅
三才圖會
器用十二卷
十四
搜神記曰胡床戎翟之器也風俗通曰漢靈帝好胡服景師作胡床此盖其始也今之醉翁諸椅竹木間爲之制各不同然皆胡床之遺意也

图 1-50
《三才图会》中的折叠椅

1. 折叠的概念

在字典中，“折”意为弄断、弯转、曲折、转折、返转。叠，意为连续、接连、叠加，使一物与另一物占有相同位置并与之共存，用对折或交叠的方法减少长度或宽度。折叠的产生是人类在长期生活和生产中对客观规律的认识和应用。它和器物的造型、装饰一样，来自自然的启示。其实，在战国、秦汉、三国时期，折叠已初露端倪了。汉代出现的器具——胡床，轻便折叠，易于携带，

图 1-51
胡床

成为狩猎和战时的常用家具。胡床并非是一般意义上的床，而是一种皮面可以折叠的交椅，类似现在的马扎。(图 1-51) 胡床传入中原地区后，影响到木家具的高足化，也启示了后人，使后世终于逐步脱离了席地而坐的时代。

明式家具中不乏折叠的形态，主要是因折叠家具兼具以下功能和作用：①节约空间。折叠后家具体积缩小，室内空间相对扩大。②易于存储和运输。折叠后搬上搬下较为方便，运输也更为容易。③节约成本。同样的用材用料，如果折叠制作的话，可做到更加低成本，降低损耗。④无安全隐患。折叠可以更好地保护物件不受损坏，因其便于收纳，更不易丢失，因而减少了不必要的担忧。为了能对折叠部分的研究有清晰的脉络和一定的深度，根据使用功能将折叠分为三类：一种是交叉式的折叠，两个交接部分通常都有榫卯钉，形成轴心式折叠；另一种是面面相贴合的折叠，更趋向于对折的折叠；还有一种是不规整的折叠，即无规律的折叠，横向和纵向的结合。在此，就明式家具中一些带有折叠形态的器具逐一分析，以期更好地展现明式家具中折叠的特征。

2. 折叠的分类

（1）交叉式折叠

明式家具中常见一种小型的交叉式折叠凳，也称交杌，俗称“马扎”，它被认为是中国人脱离席地而坐的生活方式后最早的家具类型。多数由直材构成，一般有八根；坐面部多用丝绒、绳索、皮革条带等编织而成，较精致的就在上面做些许雕刻，加金属装饰的构件，造法也颇为考究；着地的横材断面近三角形，打洼起线；穿轴钉处刻意将断面做成方形以期结构更加稳固，也有带踏床的样式。优点在于可交叉折叠，折叠后能够基本贴合，节省空间，便于携带。两个交接部分通常有榫卯钉相接，并形成轴心式折叠中较为明显的器具当属交椅了。（图 1-52）交椅，又称带靠背的马扎，下身的椅足呈交叉状，常用于外出郊游或者打猎时。文震亨解释为：“交床即古胡床之式，两脚有嵌银、银铰钉圆木者，携以山游，或舟中用之，最便。”三国时期吴国人所著的《曹瞒传》写道：“公将过河，前队适渡，超等奄至，公犹坐胡床不起。”此文中的胡床便是交椅的原型。交椅大都采用金属饰件钉裹交接部位，采用金属饰件是因为它不但可以加强榫卯间的连接，还可以起到装饰的作用。交椅在古代供社会等级较高的人坐，摆放位置严格讲究，也被文人所喜爱，常见在各种木刻版画中。

图 1-52
交椅

基于同样原理的，是宋代就出现的由胡床演变而来的折叠桌。它下部的腿足是胡床形，上部加桌面。

图1-53
明 · 仇英汉宫春晓图（局部）

见于山西繁峙县岩上寺金代壁画。在岩上寺西壁之《酒楼市肆图》中，一商贩正在桌前操作，另一商贩腋下夹着一桌，桌面及工具都顶在头上，正迈步走进市场。这种折叠桌能开能合，使用方便。在流传下来的明式家具中没有见到这种折叠桌。而和胡床结构原理一致的家具还有承托琴的琴架。这种琴架在明代画家仇英的《汉宫春晓图》中也可以看到。利用腿足中部交叉处的金属轴钉作为圆心衔接，上部有带钩的金属拉杆连接两端，起到稳定的作用。(图1-53)

在万历本《鲁班经匠家镜》中描述了“雕花面（盆）架式”的常用做法，可作为明式面盆架的规范。它“中心四角折进”，折叠构件为阴阳榫，利用铆钉将整体贯穿，形成轴心，使其可以自由折叠贴合，多用于室内供放脸盆等器具。高者多为六足，有些可折叠。另有三足、四足、五足等不同形制。直足的上端常伴有雕刻，比如净瓶头、莲花头，坐狮等，结构多与鼓架相像。(图 1-54)

图 1-54
可折叠面盆架

（2）面贴合折叠

面贴合折叠，即面与面基本上完全重合的折叠状态，类似于纸张间的对折。明代的《鲁班经匠家镜》中有“折桌”的概念，指的就是腿足可以折叠的桌子，但是书内并没有详细说明它的折叠方式和用途。而屠隆在《考槃余事》中对“叠卓”的描述较为详尽:“二张，一张高一尺六寸，长三尺二寸，阔二尺四寸，作二面折脚活法，展则成桌，叠则成匣，以便携带，席地用此抬合，以供酬酢。

图 1-55
六足折叠榻

其小几一张，同上叠式，高一尺四寸，长一尺二寸，阔八寸，以水磨楠木为之，置之坐外，列炉焚香，置瓶插花，以供清赏。”[44] 古人在山野中席地而坐，不仅要用折叠桌放置食品酒水用来野餐，还要再摆放一个折叠的小几，放置香炉花瓶，作为清赏，可见折叠家具对于文人雅士的身份体现具有举足轻重的作用。

44 屠隆. 考槃余事[M]. 北京：金城出版社，2012：300.

卧具的对折式折叠应用比较突出。文震亨论床时说：“永嘉、粤东有摺叠者，舟中携置亦便。”图 1-55 中的六足折叠榻，其与文震亨所述有所接近。这个折叠榻的榻面一分为二，腿足可折叠或拆卸，最后榻面可合起来形成一个完整的箱体，将腿足和横枨、斜枨等全部收纳起来。虽然不是桌子，但也与屠隆所说的“叠则成匣”相吻合。在伍嘉恩女士著的《明式家具二十年经眼录》中，录有一款折叠炕桌，其四条腿足以向内角 45 度的形式折叠，然后打开桌面两半之间的铜质构件，就可以将桌面对折，不过对折的方式与上面那款折叠榻的方向恰好相反，即折完后桌子的顶面向内，腿足向外。(图 1-56)

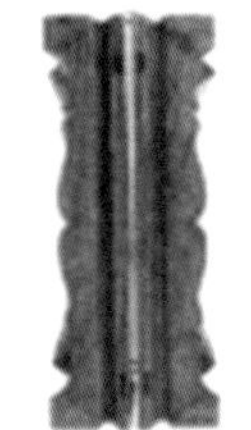

图 1-56
折叠炕桌

屏风中的围屏也是面贴合折叠形态比较明显的家具之一。如前文所述，屏风在古代多用于室内临时性陈设，具有分割室内空间的作用。伍嘉恩女士的书中录有一套清代制作的明式十二扇围屏，可谓是折叠意匠的重器。围屏的扇与扇之间用铜合页相连，可以随意对折。闲置时，两面紧贴合折叠，收纳于一角。

王世襄先生著的《明式家具研究》里录有一款折叠式炕桌和

折叠式平头案。折叠炕桌的三弯腿可以折叠并收入桌下。炕桌一般为北方常用，因此折叠式炕桌多用于室内，白天围坐炕桌饮茶赏玩，夜晚收起入寝。

这款折叠式平头案，也符合明式家具中平头案的基本特征，但是构造方式却不同，面心平整，腿足间装枨相连，其腿足和枨均可拆下。但是案子的整个长牙条是可折叠的，牙头和牙子亦可缩入桌面下，一般的条案的长牙条均可拆下以便组装，此案为折叠式的目的可能是在减少部件的同时起到保护牙条和牙头的作用，以避免磕碰导致损伤。(图 1-57)

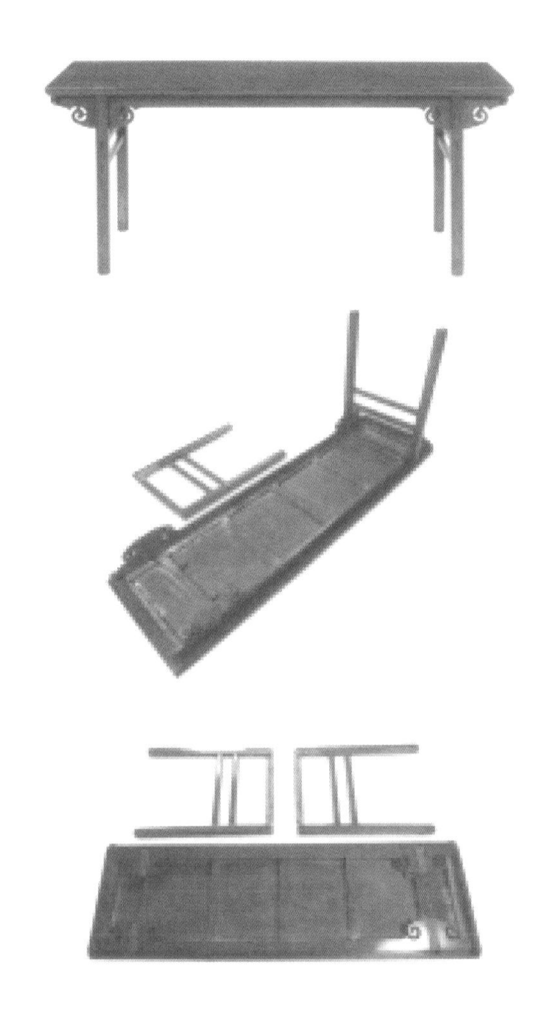

图 1-57
折叠式平头案

(3) 不规则折叠

还有一种折叠形态就是不规则折叠，有纵向有横向，也可以理解为在重叠的基础上再折叠或进行套叠等。不规则折叠形态的产生主要是由于物件用途需要，而其构件又不算规整。镜箱以及官皮箱都隶属于不规则折叠范畴。官皮箱不算是很典型的不规则折叠，它属于平盘与抽屉相结合的家具，只是个别的箱盖部分有折叠，共分三层，两扇门，顶上开盖，盖下有平屉，门后也设有抽屉。箱盖采用合页相连接，可折叠成大小两扇相接的盖，雕刻花饰多为吉祥图案，古代家庭常用的物品，多作为嫁妆放置于女性闺房。它的功能在于存放物品，收纳珠宝头簪、胭脂水粉等梳妆用具，便于携带。

镜箱的镜架大都设在箱具之内，共分两层，与官皮箱颇为相似。折叠时，先将支架后部的杆移开，然后收入盒子内，再将上方的镜子拆下一并收入盒中，折叠支架构造类似小书托。也有如图 1-58 所示直接将折叠的合页箱盖折成合适的角度，让镜框刚好卡在箱盖沿儿之间的槽中。镜箱一般为妇女用品。

组合意匠

1. 组合的概念

《现代汉语词典》中对组合有这样的解释——组：结合，构成；有规律、有系统的，合为一体的。庄子阐述“合”的概念为“合则成体”(《庄子·达生》)，即强调最终形成“整体”的概念。《辞海》中对组合的定义是：从 M 个东西中，不论次序，每次取出 N 个并组成一组，所得到的结果为 M 中取出 N 个的组合；由几个部分或个体结合成整体。《现代汉语词典》的解释：组织成为整体；组织起来的整体；由 M 个东西里每次取出 N 个并成一组，不论次序，其中每组所含成分至少有一个不同，所得到的结果叫做由 M 中取 N 个的组合。《易经》中用十天干和十二地支来记载年月，以及先秦在洛书河图中关于三阶幻方的记载，是至今人们所了解的最早的组合。

图 1-58
镜箱

2. 组合家具的内涵

从“席地而坐”到“垂足而坐”这样的生活习惯的改变，也造成家具形式由低矮型家具向高型家具的演变。这种演变是根据人们生活习惯的改变而进行变更的结果。组合家具也是在这样的背景下应运而生的。通过不同部分的不同组合，调整家具的样式和功能，可以满足不同的喜好和空间需求。组合打破了传统家具约定俗成的状态，成为自由、多变、灵活、可以再次被创造的组合系统。

3. 组合家具的分类

（1）以单元组合为标准的分类

顾名思义，这类家具就是由一种或几种单元进行组合使用的

家具。它们共同的特点就是结构独立，可以分开各自单独使用，也可以进行组合成套使用，形成使用功能更多的家具类型。

这类组合家具的组合方式多种多样，以适应不同场合、不同对象的要求。明式家具里有半桌，桌面为半圆形，通常成对设置，用的时候拼在一起形成整圆，不用的时候可以分别靠墙摆放，以节省空间；而架几案是一种由两个方几和一块独板组合起来使用的家具，三个单体之间没有任何的连接结构，可以适当调节两个方几之间的距离，形式感也会随之改变。(图 1-59) 这类组合家具中最富有变化的当属流传下来的宋代的燕几、明代的蝶几和清代的匡几了，下面分开描述。

图 1-59
架几案

燕几六条案几可分可合，可根据“宾朋多寡，杯盘丰约”以及室内空间的状况进行组合、配置。除用于宴席之外，又可陈设古玩、书籍和小摆件等。其中，大桌有两张，中桌两张，小桌三张，能灵活变幻为 25 种形式、76 种格局（图 1-60）。并且，在许多格局中，还处理成四周布桌、中间虚空，虚空处摆放烛台、花解、香几、饼斛等，边饮边赏，趣味横生。

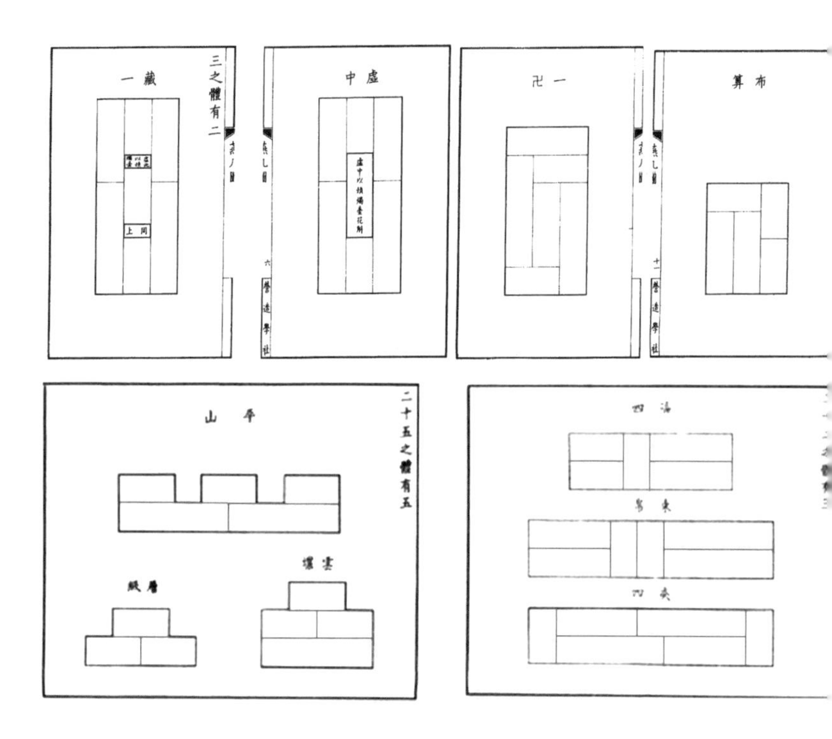

图 1-60
燕几

明代的蝶几延续了燕几的意匠，古书有记载：“能书善画，尝造蝶几，长短方圆，惟意自裁，垒者尤多，张者满室，自二、三客至数十俱可用。”从这句话的记载中可以看出，组成蝶几的每张条案的形状和不同组合方式，满足不同使用需求。蝶几在燕几的基础上发展，以斜角形为基本，六种斜形桌面共 13 只，可组合成 8 大类（方类、直类、曲类、楞类、空类、象类、全屋排类、杂类）130 多种形式，组合的图形复杂得多，“随意增损，聚散咸宜”，

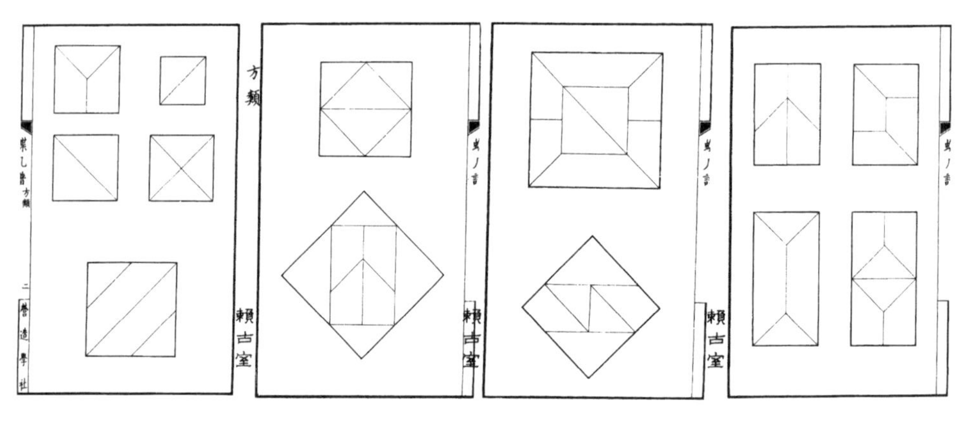

图 1-61
蝶几

“时摊琴书而坐，亲朋至藉觞受枰”。在正方形为基本形制的基础上，进而发展成为以斜角形为基本形制的组合家具，这个变化是一种造物精神传承的结晶。后世多认为蝶几图较燕几图更巧妙。(图1-61)

匣几是清代人的创造，但是它为文人的使用而设计，也具有明式的特征。和燕几与蝶几的思路一脉相承，也具有模块组合的形式，它同样可以根据主人文玩清供的多少而随意组合。但匣几自身的组合方式类似于后来的“多宝格”，组合变化较燕几来说在竖向上形成多种组合形式，形式不仅仅局限于横向延伸。拆卸开来可以装在一个盒子内，组装后则可以作为陈列文物、古器的架子或格子来使用，使用方便。如朱启钤先生所言：“匣几以委宛胜，小之可入巾箱，广之可庋万卷，若置于燕几之上，蝶几之旁，又可罗列古器供博览，卷之舒之无不如意，三者合而功用益宏。”(图1-62)

图 1-62
匣几

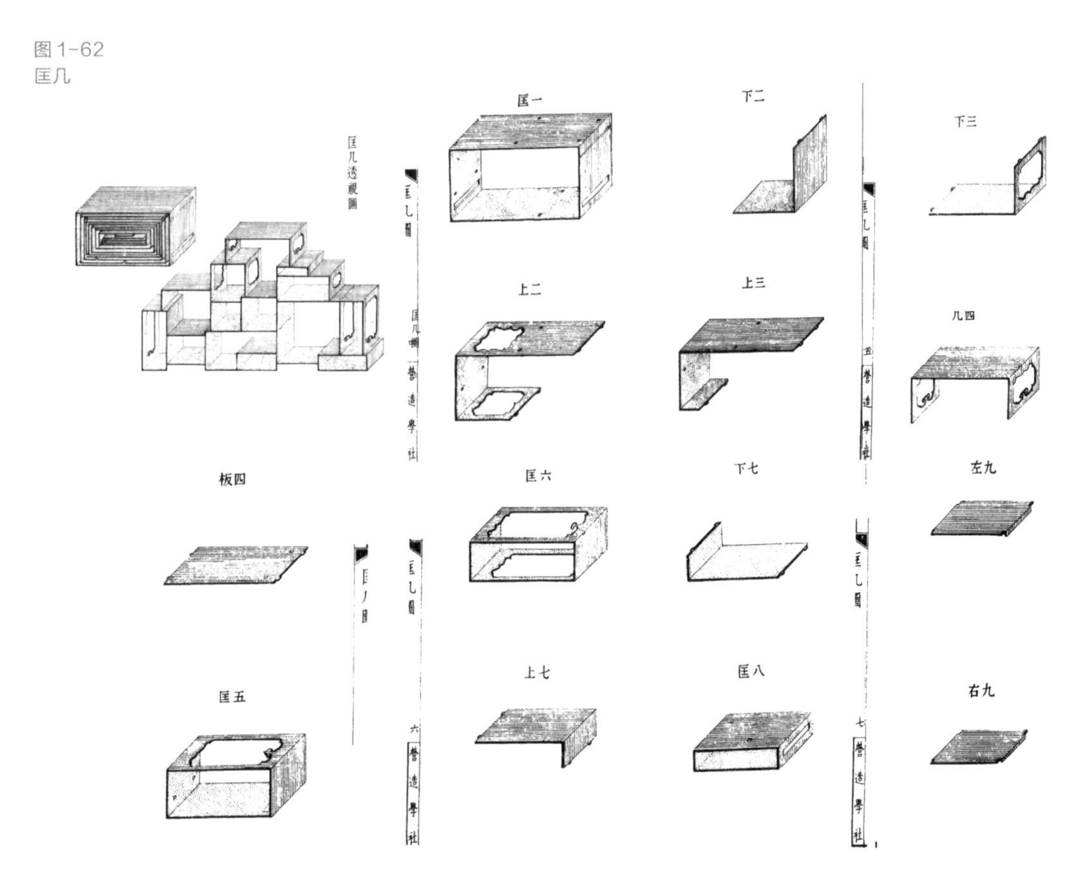

(2) 以空间功能为标准的分类

从另外一角度来看，组合家具由多个家具单体组合在一起使用而成。正如美国学者杜朴和文以诚所言："现代收藏倾向于将单件家具作为独立的艺术品，然而家具不但是欣赏的对象，更是日常用具，并且作为室内布置的一部分，成组陈设。"[45] 事实上，明式家具从来都不是孤立使用的，和所在环境的功能有很大关系。随着人们在不同空间中的行为方式的不同，居室内的家具布局也相应发生变化。关于组合的方式问题，早在明末文震亨的《长物志》中就有提及。其中，卷十"位置"卷中对家具及其他陈设品的布置方式做了分类叙述。

45 [美]杜朴（Robert Thorp），文以诚（Richard Ellis Vinograd）. 中国艺术与文化[M]. 张欣，译. 北京：世界图书出版公司，2011：314.

46 文震亨. 长物志[M]. 重庆：重庆出版集团/重庆出版社，2008：382.

"位置之法，繁简不同，寒暑各异，高堂广榭，曲房奥室，各有所宜。"此句说明了家具布置要与房室类型特点相宜这一重要原则，这是决定选取家具类型和布置格局的首要条件。下面将以书斋、小室、卧室、敞室为例说明家具的组合陈设问题。

①书斋。

书斋是文人日常居处的最主要环境，其中的器用陈设要求既便于主人诵读坐卧、接待文友、取置图书，又要合于简静清高的文士情怀。"斋中仅可置四椅一榻；他如古须弥座、短榻、矮几、壁几之类，不妨多设；忌靠壁平设数椅；屏风仅可置一面；书架及橱俱列以置图史，然亦不可太杂，如书肆中。"[46] 屏风可起到灵活隔断空间的作用，但如多设便会使清朗沉静的书斋环境过于复杂，因而只宜设一面。榻是文人斋中坐卧的最主要家具，既可阅读、小憩又可待客对谈，因而必置一器。(图 1-63)

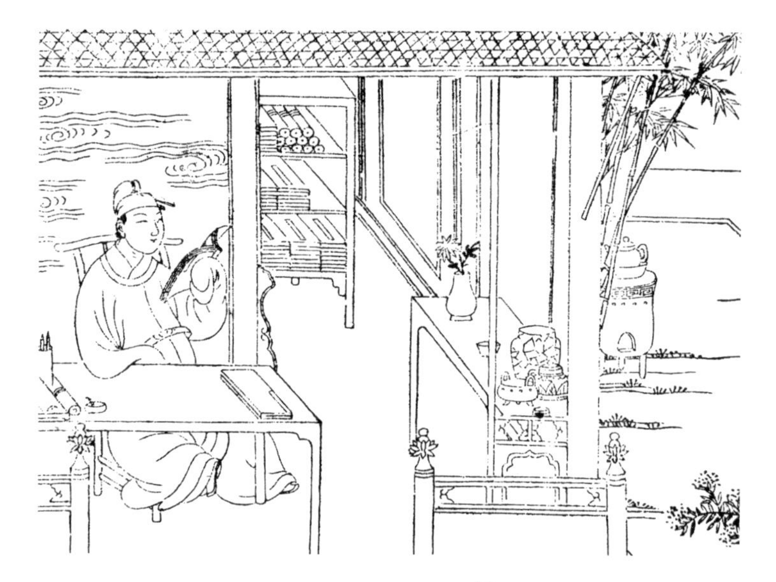

图 1-63
明代木刻版画中的书斋

②小室。

小室，类似于今天的起居室。人有大部分的时间是在起居室中度过的，所以家具的和谐摆放形式对于人们的活动轨迹来说极为重要。“小室内几榻俱不宜多置，但取古制狭边书几一……别设石小几一，以置茗瓯茶具；小榻一，以供偃卧趺坐。”[47]小室内几榻都不宜过多，可放置一张小几，上放置清雅茶具；一张小榻，供躺卧小憩，悠然自得之意不抒自发。

③卧室。

卧室是人们夜间休息时所处的空间，衣物、盆架、柜子等生活用品比较多，会使其中显得杂拥挤乱。对于家具摆放形式，文震亨的经验是：“面南设卧榻一，榻后别留半室，人所不至，以置薰笼、衣架、盥匜、厢奁、书灯之属，榻前仅置一小几，不设一物，小方几二，小橱一，以置香药、玩器。室中精洁雅素，一涉绚丽，便如闺阁中，非幽人眠云梦月所宜矣。”[48]卧室环境讲求简洁素雅。在这里，卧榻既是最主要的卧室家具，又起到了屏蔽和隔断的作用，使主人的活动空间自然地一分为二。榻后隔留的半室空间，用来归置各种私人常需取置的用物，既保证了私密性和取用上的便宜，又使这些单件零散之物不致使卧室失去整洁。卧榻之外，仅前置一几，侧置一橱，使得入室所居空间简约明朗。（图1-64）

图 1-64
明代木刻版画中的卧室

47　文震亨．长物志［M］．重庆：重庆出版集团／重庆出版社，2008：388．

48　文震亨．长物志［M］．重庆：重庆出版集团／重庆出版社，2008：389．

（3）常见的家具组合固定搭配分类

由于中国传统思想以及地方气候条件的影响，古代居室中出现了常见的搭配在一起来使用的多种家具，随着时间的推移，已

图 1-65
明代木刻版画中的椅子与脚踏

经成为约定俗成的搭配形式。

①椅子与脚踏。

从古代的绘画中我们可以看到，脚踏和椅子有合为一体的形式，常用于一些较为正式的场合，供官员或地位较高的人使用；也有分开使用的形式，根据需要灵活组合使用。二者的作用都是将人的足部与地面分离开，在会客或公干时也暗含社会地位的等级。(图 1-65)

②床与脚踏。

古时床前也多设脚踏。罗汉床前的脚踏短而成对；架子床和拔步床前的脚踏独一而修长，长二尺左右，宽尺余。脚踏原为床的附件，故形制多与床身相同。

③榻与炕桌、炕几、炕案。

与榻组合使用的多为炕桌、炕几或炕案。这也是根据人们日常生活经验得来的常见的家具组合的方式。炕桌可以供人们在床上吃饭写字时使用，造型矮小精致。炕案、炕几比炕桌窄得多，通常顺着墙壁置放在榻的两头，这样的布置，在故宫原状的陈列室中是经常可以看见的。另外，北方一些家庭，则将被子叠好后，也会放在其上。

拆装意匠

如前文所述，中国古代工匠要考虑家具移动和运输的方便，所以会产生折叠的意匠，对于体量较大的家具，采用了更为巧妙的处理方式，就是可以灵活地拆解和组装。这种方式同样和传统建筑中的意匠是一致的。

中国的传统建筑由于是梁柱体系的承重结构，所以墙体是不承重的，作为墙体的隔扇窗棂等皆可拆装。这种方式也曾激发了李渔的设计灵感，他将这些界面拆下然后不定期交换位置，获得一种如建新房的新鲜感，如他在《闲情偶寄》里面所述：

“即房舍不可移动，亦有起死回生之法。譬如造屋数进，取其高卑广隘之尺寸不甚相悬者，授意匠工，凡做窗棂门扇，皆同其宽窄而异其体裁，以便交相更替。同一房也，以彼处门窗挪入此处，便觉耳目一新，有如房舍皆迁者；再入彼屋，又换一番境界，是不特迁其一，且迁其二矣。”[49]

49 李渔. 闲情偶寄 [M]. 北京：华夏出版社，2006：259.

明式家具的榫卯结构继承了中国传统建筑大木作的做法但又发扬光大，形成了复杂多样的形态样式和变化多端的连接方式。这些榫卯结构不设钉子，榫卯之间直接插接，或加一点胶提高强度。即使胶粘也不是化学胶，而是鱼鳔熬成的胶，经过热气蒸烘就可溶解，因而具有可以拆解和组装的可能，满足了大型家具运输和移动的需求。各种家具的结构连接不施任何胶粘，完全可以和积木一样拆开，运输时就可以打起捆来以节省空间，二次组装之后也不会任何松动。这种方式基于几个构件的榫卯之间互相借力和牵制。(图 1-66)

在前文的“尽物之性”一节中，论证了造物者应对木头缩胀的策略，这种可以拆解的榫卯结构也再次证明了古代造物者的智慧。现代建筑技术中有“挠度”一说，即允许建筑在强风下有轻微的晃动，这样反而有利于整体建筑的稳固。明式家具的榫卯之间固定不是死的，实际上也应和了木头缩胀的问题，由于季节的温度变化，榫卯之间细微的变化相当于建筑中的挠度，属于合理的技术范畴。明代流传下来的家具很多还能使用，但是现在新做的仿古家具因为使用了化学黏合剂，将榫卯固定死后，反而使用的寿命会缩短。

明式家具几乎可以完全拆散，化整为零。笔者曾经记录过一个玫瑰椅的拆装过程，经过一个工匠不到 20 分钟的时间就可以完全将其分解，可以清楚地看出其各个构件的形态，再经过不到 20 分钟的时间又可将其组装如初。即使一个架子床也可以在一支烟的工夫被完全分解。这样我们就不难理解明代的一个官员因为异地调动工作而搬家时的快捷和方便了。

下面详细分析几种拆装做法：

(1) 条案

条案因为案板的尺度较大，挪动起来不方便，所以要做成拆装的形式。工匠根据条案的形制设计了夹头榫和插肩榫的结构方式，这两种结构都来源于建筑的大木作方式但又进行了改进，使拆装更加灵活。

(2) 罗汉床

罗汉床是尺度较大的家具，在搬运时会因体积较大而产生困

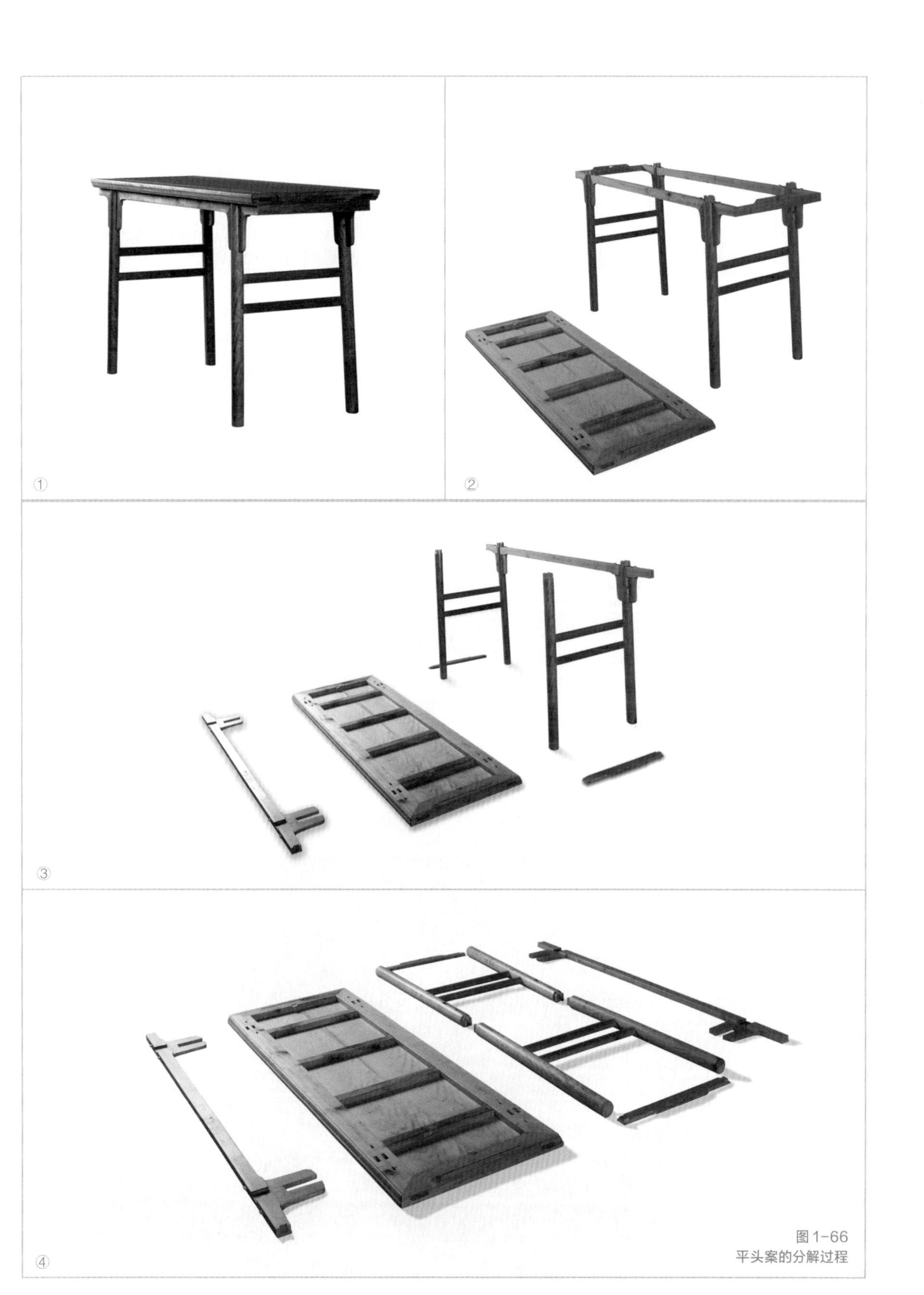

图1-66
平头案的分解过程

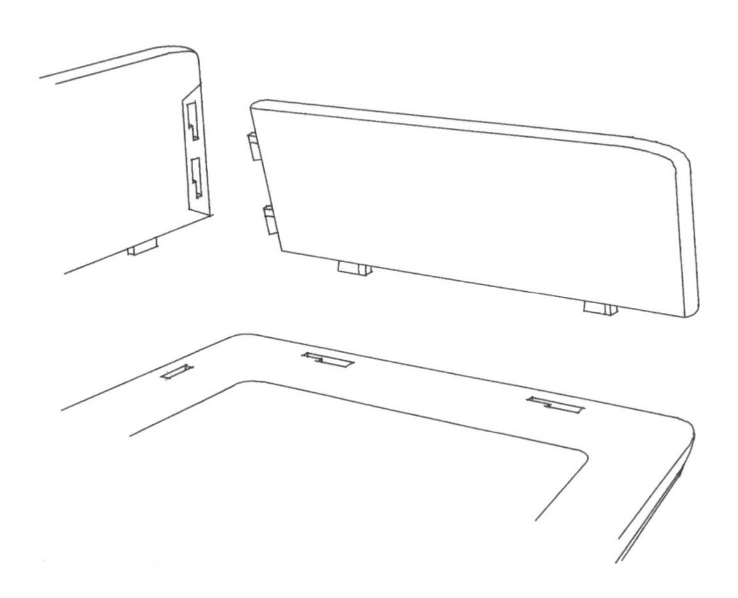

图 1–67
罗汉床围板的走马销

难，所以需要拆分。围板下面的榫卯利用了走马销的做法，使围板和床体之间能够轻松拆分和组装。同样的原理，其他大型家具的部件中也常常用到走马销的做法，如架子床的围板和床面也是如法炮制。(图 1-67)

(3) 架子床

架子床是体积最大的家具，搬运和移动都很困难，一般的建筑门洞很难穿越。明式家具的造物者早就考虑到这一点，它的围板、床柱和顶部的结构都可以拆分开来图 1-68 是架子床分解后安装的过程，如同一个传统木结构建筑的架构方式。从中可以看出，工匠设计初期就对这种大型家具的拆装方式有合理的规划和精确的计算。

图 1-68
架子床安装过程

汉代的刘勰指出:“独照之匠，窥意象而运斤。”(《文心雕龙》)他强调了艺术家须凭借思想与形象的结合来进行创作活动。同时“意”和“象”是相辅相成的一对字,《系辞》借孔子之口做了精辟的阐释:

“子曰:‘书不尽言，言不尽意。’然则，圣人之意，其不可见乎?子曰:‘圣人立象以尽意，设卦以尽情伪，系辞焉以尽其言，变而通之以尽利，鼓之舞之以尽神。’”

立象尽意的前提是观物取象，这是中国传统艺术家的创作之道，而取象的对象有自然之象和艺术之象之分，如传统艺术创作所强调的不仅要“师造化”还要“师古人”，而“师古人”即学习前人的艺术作品。本文论及的明式家具的取象对象主要是基于自然之象的艺术之象，阐述书法、绘画和空间的艺术之象在明式家具中的体现。中国艺术历来重视互相的观照和融合，自古有书画同源的说法，而明式家具正是在造物过程中因为文人的直接参与，接受到这些文人所追求的艺术之象的影响，才在满足基本功能之外，显示出鲜明的艺术特征和浓厚的文人气息。

中篇　意象篇

笔走龙蛇

——明式家具中的书法意象

正如蒋彝先生所言："书法除了本身就是艺术中最高级的形式之一外，在某种意义上来说，它还构成了其他中国艺术最主要和最基本的因素。"[50] 从内涵来说，书法艺术代表了中国艺术精神，它对其他门类的中国古典艺术都会产生影响。书法的形态千姿百态，体现出自然生命的动态，明式家具也同样在造型的细部设计上充满着无尽的生命力。

50 ［美］蒋彝. 中国书法[M]. 北京：外语教学与研究出版社，2018：3.

从外在形式上看，中国书法是集线的艺术之大成，明式家具取书法之意象，并将其和家具材料、工艺融会贯通，成为立体的线的艺术。明式家具中的书法意象可从书法的笔画、笔法、筋骨等几方面体现出来。

明式家具中的笔画意象

中国文字的基本构成单位是笔画，文字是几个笔画经过组合排列而成，而书写的过程就成为笔法，笔法是笔画运动的轨迹，可见笔画和笔法是不可分的。文字的笔画形式多样，参照卫夫人的《笔阵图》和智永《永字八法》，我们基本可以将笔画分为 7 或 8 种基本形式。

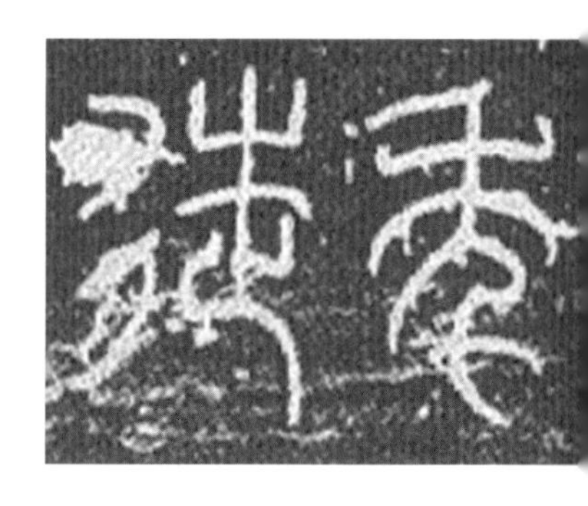

《笔阵图》中的笔画的描述如下：

一如千里阵云，隐隐然其实有行。

丶如高峰坠石，磕磕然实如崩也。

丿陆断犀角。

乀百钧弩发。

丨万岁枯藤。

乁崩浪雷奔。

𠃌劲弩筋节。

在这 7 个笔画里，多用动感的自然现象或物象来形容，均是要强调笔画的动态。"横"，在康定斯基的眼中只是一条僵硬冰冷的水平线，它"冷静、平直，可谓无限冷能的最简形式"[51]；但是在中国古人眼中它就像天空中延绵千里的云朵，看似平静却隐含

51 ［俄］康定斯基. 点线面[M]. 余敏玲，译. 重庆：重庆大学出版社，2011：50.

着无限的动能。

唐代的智永和尚在《永字八法》里将“永”字里的各个笔画一一拆解分开描述，各自形容为“如鸟翻然侧下”“如勒马之用缰”“用力”“跳貌，与跃同”“如策马之用鞭”“如篦之掠发”“如鸟之啄物”“笔锋开张”。在这几个笔画中，用的是人或动物的动作来描述，在这些动作里我们也不难看出运动的轨迹，多为自由活泼的弧形曲线。

明式家具的构成也是以线为主。基于对于书法中笔画的认识，笔者将明式家具中的基本线型也拆解开来分为四种，即水平线(横)、垂直线（竖)、弧线（撇、捺)、折线（竖钩，横折钩)。家具中的笔画同样也遵循着卫夫人和智永的笔意，展现出各种动态。

①水平线：一（横）体现在家具中的水平线，如椅子的搭脑、桌案台面的侧面、横枨等。

②垂直线：丨（竖）体现在家具的腿足等垂直线。

③弧线：丿（撇）体现在家具中的圆弧线，如椅子的靠背板；乀（捺）体现在家具壶门、连帮棍、霸王枨、牙板，香几腿足等构件上。

④折线：亅（竖钩）体现在桌类和凳类的腿足部分，钩的形式在明式家具中称为“马蹄”；𠃍(横折钩)体现在床榻类的腿足部分。

图 2-1
篆书文字中的翘头横

1. 水平线 / 一（横）

笔画的形态在书法的变化历史中一直是不断发展的，因为书写者的习惯和追求不一，各个时期的审美取向不同，同一笔画展现出千姿百态的造型，在家具的细部造型上也表现出多样性。以最常用的笔画“横”为例，它在书法历史中有各种形态，并不是一根平直的直线的单一表现方式，这在家具中都有体现。如在较早时代的甲骨文和篆书中横的两端多有上翘的写法（图 2-1)，而春秋时期的俎的造型就分翘头和平头两种，如湖北当阳赵巷春秋墓和山东海阳嘴子前春秋墓出土的漆木俎。出土于成都市商业街战国时期船棺墓的禁（呈放酒器的底座，案的前身）和出土于包山二号战国墓的食桯（属于“几”类）都是台面四周有抹起，起到围挡和加固的作用，从侧面看台面也是呈现两头翘起的一条横线（图 2-2）。虽然笔画横两端上翘的写法在书法发展史上昙花一现，随着书写工具和书写材料的变化在以后的隶书和楷书的笔画形态中消失了，但是在家具中的这种线的造型却保留了下来，尤其是明式家具的造型继承和发扬了这种古代的笔画和家具制式，保留了中国人千百年的审美习惯，使翘头案成为一种中国特有的家具形式，还有延伸发展的翘头闷户橱等。(图 2-3)

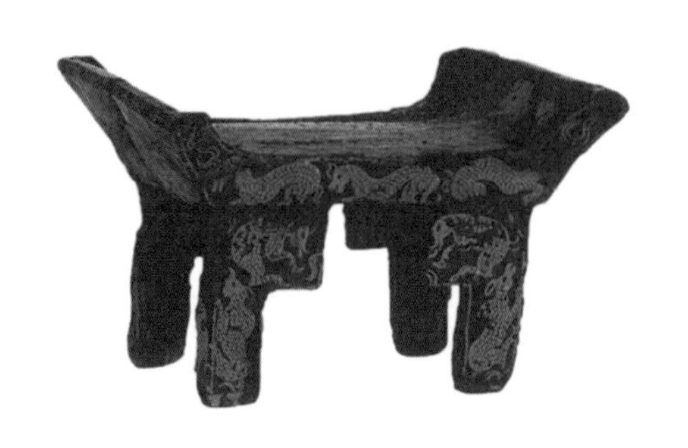

图 2-2
春秋时期翘头俎

图 2-3
三屉闷户橱

在平头案的案板、椅面、桌面的侧面我们看到的也不是一条僵硬的水平线，因为有俗称为“冰盘沿”和各种形态的边抹线脚，从而使这条水平线方中有圆、圆中有弯，层层叠叠，仿佛是卫夫人所称的“千里阵云”，看似平静却暗流涌动、蓄势待发。

2. 垂直线 / 丨（竖）

卫夫人解释笔画“竖”为万岁枯藤，是形容其强大的生命力，智永则直接称之为“用力也”。可见对于竖画均强调力度的表现。家具中的竖主要体现在椅子或桌案的腿足、架子床的立柱等。如前所述，明式家具的腿足在垂直方向上均有侧脚做法，除了起到视觉矫正作用之外，主要还是给人以端庄稳定的力度感，因为明式家具的用料较细，如果垂直使用反而会给人纤弱不稳的感觉，经过侧脚处理会增强家具的力度。如原中央工艺美术学院收藏的一款南官帽椅，靠背的三条竖线直棂除了中央一根做垂直处理外，其他两根均倾斜处理，以增强它的稳定感。

垂直线除了在角度上有变化之外，在粗细或者形态上也会有细微的变化，比如椅子的后腿采用一木连做的方式，椅面以上的部分截面是圆形并且上细下粗，而椅面以下的部分却是外圆内方，给人丰富的视觉感受。(图 2-4)

图 2-4
后部腿足的垂直变化

3. 弧线 / 丿（撇）与乀（捺）

笔画丿（撇）有顺势而下的滑动之感，明式家具中有些椅子的靠背板和个别条案的腿足有此笔画的意象。例如，有的圈椅，椅子靠背板就采取了撇的形式，令椅子的上部空间显得圆浑而饱满，充满着张力。而从侧面看时，这一撇如同卫夫人形容为利剑斩断犀牛角或象牙的轨迹，带有强烈的速度感。王世襄先生的《明式家具珍赏》里面录有陈梦家夫人收藏的一款明代翘头炕案，王世襄先生称之为“撇腿炕案”，道出了“撇”的笔画意象。王先生称赞此种做法“不仅线条优美，且增加了稳定感”。(图 2-5)

笔画乀捺和丿撇都是明式家具中的曲线的表现，只是家具构

图 2-5
撇腿炕案

件往往是对称设置，曲线造型也不例外，但是撇与捺还是能够区分开来，并不仅仅是镜像的对称关系，这对于练习过书法的中国人来说并不难识别。欧阳询在其《八诀》中在对笔画的描述中引用了卫夫人《笔阵图》的七种笔画的原句，但或许是结合了智永的分析，又加了一个笔画，就是“捺”，他对其的定义是“一波常三过笔”，这不同于之前形态的描述，实际上已经是探讨笔法的问题了。欧阳询在此是借鉴了王羲之在《题卫夫人〈笔阵图〉后》中所说的“每作一波，常三过折笔”。可见欧阳询是将捺当作波浪线来处理的。我们从其中也可分析出捺与撇的区别，即捺有一波三折之用笔，而撇是顺势而下，中间没有方向转折变化。

明式家具中的波浪线无处不在。椅子中的椅背的曲线常被人提及，扶手、连帮棍也常是波浪线（图 2-6），香几的腿足也是如此。而太师椅的椅圈和家具中的壶门造型都是对称的波浪线，有些结构件如罗锅枨也是波浪线，其中都隐含着“捺”的意象。

图 2-6
连帮棍

4. 折线 / 亅（竖钩）和㇆（横折钩）

这两个笔画分别出现在《永字八法》和《笔阵图》中，在此放在一起讨论是因为它们都表现在明式家具的腿足中。亅（竖钩）一般在方凳或方桌的腿部，因为上下成一直线而最后马蹄呈上挑之势。明式家具中的桌腿的做法常常采用“挖缺做”的方法，从侧面看上宽下窄，使家具看上去更加挺拔有力，而底部的马蹄感觉又填补了挖掉的木料，从而避免了轻浮之感，显得敦实稳重。同时四个向内翻的马蹄也增强了内部的空间感（图 2-7/ 图 2-8）。横折钩一般体现在床或榻的腿足上，形成内翻的马蹄。我们仔细观察一下就不难发现，家具的这种腿足做法之所以被约定俗成称为马蹄，不是因为它像真实的马的蹄子的形象，而是因为它像书法中的“马”字的横折钩的笔画（图 2-9/ 图 2-10）。从书法的书写习惯中可以看出，横折钩中的横线比竖线要窄一些，这样才符合视觉的美感，同样在高束腰结构的家具中，牙条和腿部的宽度存在差异。牙条的宽度要窄于腿

图 2-7/ 图 2-8
折线

图 2-9/ 图 2-10
横折钩

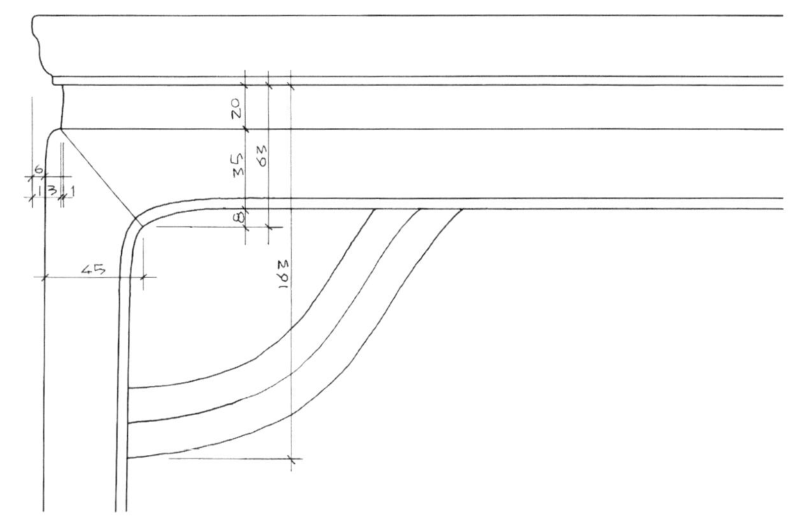

图 2-11
牙条和腿足的宽度比例

的宽度，这也符合这一笔画的书写特征。(图 2-11)

笔者认为：对于马蹄的理解要和家具腿足的形态连接起来，桌案一般是直腿加小马蹄，床榻多有弯腿内翻马蹄；直腿加马蹄的更接近笔画“竖”的意象。

这几个笔画在明式家具当中是基本的构件形态，总体说来具有动态特征。

明式家具中的笔法意象

笔法是笔画在书写中的运动方式，也影响着笔画最终的形态。笔法也就是书法的基础，是书法家追求个性的符号，但是它的运动的基本特征不会改变。笔法的线条运动可分为两类，即线条的外部运动和内部运动。线条的外部运动从笔画的基本形态上就可看到，是笔的运动轨迹；但是线条的内部运动却是因为毛笔这一独特工具的特点表现出来的。由于基本笔法的作用，线的轮廓线也会出现微妙的变化。

1. 藏头护尾——首尾处理

书法的基本笔画在书写的时候在起始和结尾处都要求藏头护

尾，不要露出笔锋（图 2-12）。蔡邕在《九势》中提出了藏头护尾的运笔方式，他又继续提出了转笔、藏锋、藏头、护尾等笔法。

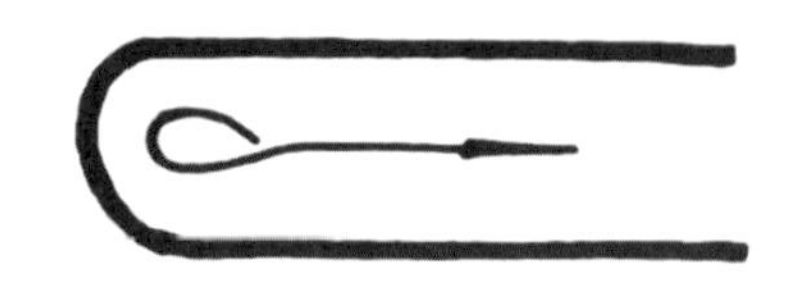

图 2-12
藏头笔法

欧阳询在《用笔论》中提出“藏锋靡露，压尾难讨”。王羲之《书论》也提出：“第一须存筋藏锋，灭迹隐端，用尖笔须落锋混成，无使毫露浮怯，举新笔爽爽若神，即不求于点画瑕玷也。”

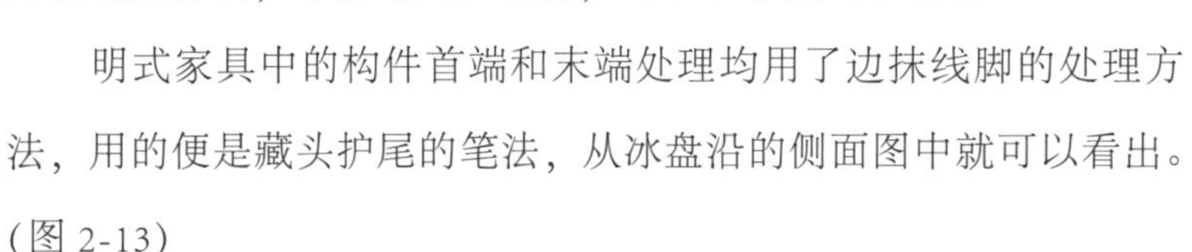

明式家具中的构件首端和末端处理均用了边抹线脚的处理方法，用的便是藏头护尾的笔法，从冰盘沿的侧面图中就可以看出。（图 2-13）

太师椅的椅圈就如同一条书法中的线，含有极强的运动特征，从一端开始，欲左先右，形成藏锋；到另一末端，“画点势尽，力收之”，形成护尾，两端形成光滑和近似球形的形体，既符合书法

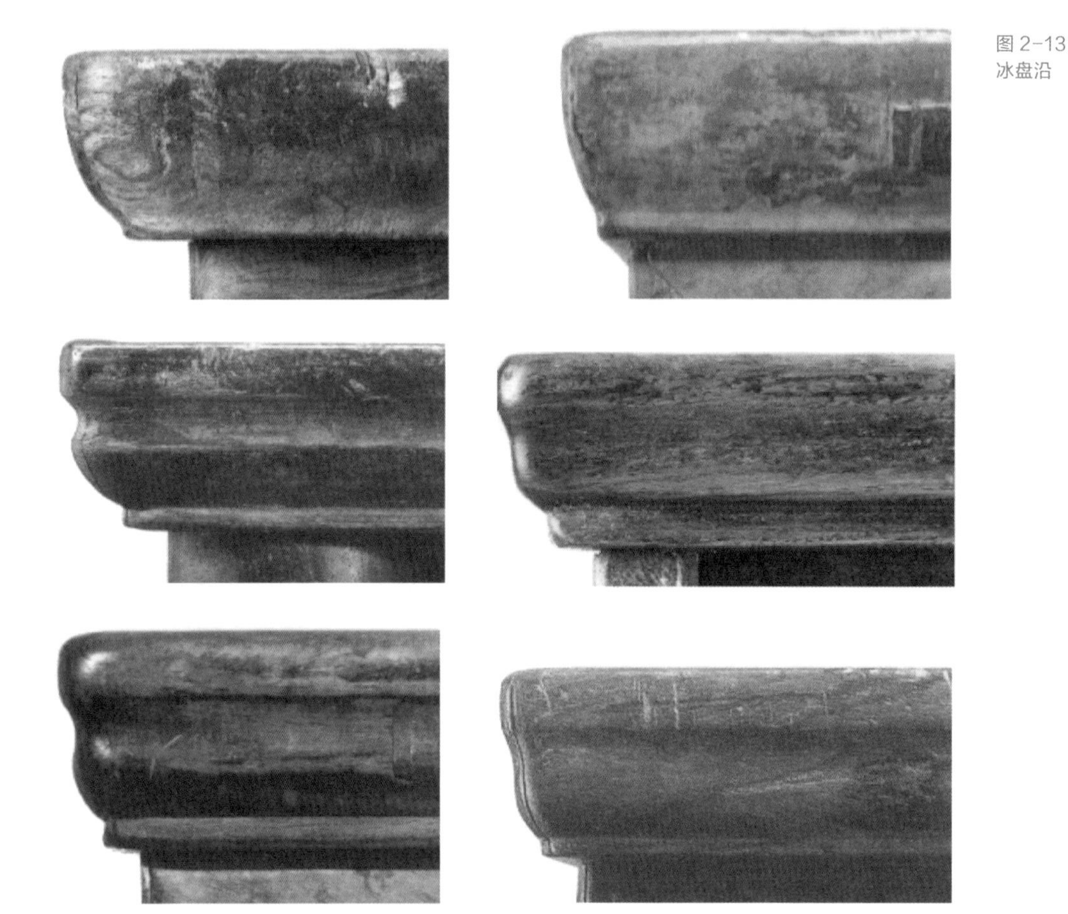

图 2-13
冰盘沿

的审美习惯，又符合人手的把握尺度。

翘头案的翘头做法使案面的水平线的首尾不但藏锋而且有了提按的力度感。

如图 2-14 中的条几，从正立面看上去似一条一气呵成的线，首尾部分的卷书在笔意上也起到了藏锋护尾的作用，同时卷书的形态也具有隐喻的特点，增强了家具的文化内涵。

桌案的台面侧面因为用了抹边的处理，不管从哪个角度看过去，台面的首端和末端都如同书法的笔画“横”的运动开始的藏锋笔法。翘头案的做法也加强了这种笔法的动势，而且翘头的造型实际上是挡住了案板两端的径切面不太好看的纹理，使藏锋护尾之说有了立体的意义。

图 2–14
卷书案

在书法中楷书的垂直线线条在向下运动结束时又有向上回转的笔势，颜真卿对于笔法的形容有“屋漏痕”之说。明代书法家丰坊在解释这一比喻时说：“无垂不缩，无往不收，则如屋漏痕：言不露圭角也。”（《书诀》）同样在明式家具中的腿足末端也是设计的重点，有各种丰富的造型变化。（图 2-15）

图 2-15
箭腿条案腿足底部

2. 如折钗股——转角处理

书法中常有转角的写法（图 2-16）。卫夫人对于𠃌（横折钩）的描述是“劲弩筋节”，欧阳询的描述为“如万钧之弩发”，均强调了对于转角的处理要如箭在弦上时的弹性和张力。张旭运笔有“折钗股”之说，南宋姜夔解读为“折钗股者，欲其曲折，圆而有力”。

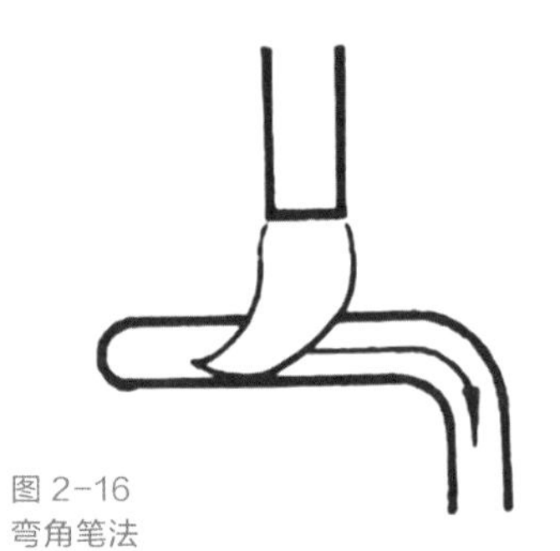

图 2-16
弯角笔法

明式家具中的转角处理大多为具有弹性的圆弧状结构。为了达到折钗股的效果，家具构件之间的衔接不能出现直角，民间工匠采取了很多策略，发明出了几种连接方式。

家具在转折处要顺着水平线转为垂直线，转角要保持自然弯曲，如玫瑰椅或南官帽椅上部搭脑两端和后腿的衔接处，扶手和鹅脖的衔接处。为了实施这一做法，工匠采用了俗称为“挖烟袋锅”的圆材闷榫角接法，令两个结构件在转角处自然过渡和衔接（图 2-17）。即使不用这种做法，用 45 度斜角拼接的闷榫角做法，也可

图 2-17
挖烟袋锅做法扶手

使转折弯曲自然。

“裹腿做”的连接方式，如桌面下的横枨在水平方向上转折运动，在和桌腿衔接时包裹在圆形桌腿外，形成圆角折线的效果。

罗锅枨也是将一直线两次弯折，一般是一整根木料，离桌面较高者则采取两根对称的木料中间对接而成，中间部分呈倾斜状，这样可以保持木料的强度，同时也可保持木纹的自然美感。（图 2-18）

而横折钩的处理最具有代表性的形式表现在床榻或椅凳的带有马蹄的腿足上。如上一节所述，腿足也分为直腿马蹄腿足和弯腿马蹄的腿足。尤其是弯腿马蹄的腿足，内角处都呈现出饱满有力的弧形，充满弹性的张力，确如欧阳询所言如“万钧之弩发”。

古人对于“折钗股”的含义的解读不尽相同，丰坊的解释阐述了对另外一种笔墨现象的认识：“水墨得所，血润骨坚，泯规矩于方圆，遁钩绳于曲直，则如折钗股：言严重浑厚而不必蛇蚓之态也。”（《书诀》）他的意思是：书法由于水墨和宣纸的材料质感，造成笔画交接时结构分明，但是夹角处圆润虚化的现象，不必勉强做弯曲的形态。基于同样的道理，明式家具对于“折钗股”的体现并不仅仅在弯度较大的转角处，也体现在垂直相交的构件夹角的细微处，如官帽椅的搭脑和靠背板的夹角处也是细微的圆角

图 2-18
罗锅枨做法

处理，为了达到这一效果，工匠在处理此处时要特意把搭脑中部向下稍微做出一点和靠背板同样宽度的出头，在拐角处做出细微的圆角，这样装配完成后就形成搭脑向下自然扭转和靠背浑然一体的感觉。(图 2-19)

图 2-19
搭脑和靠背板之间的圆角处理

正是这种弯曲有力的笔法成就了明式家具的艺术特征。到了清代，家具转折处逐渐变得僵硬呆板，多以 90 度的拐子纹为转角的处理方式，失去了明式家具所具有的生命力，从而使家具的艺术性日渐式微。

3. 一笔多变——单线处理

卫夫人在《笔阵图》里形容笔画“一”(横)“如千里阵云，隐隐然其实有行”，道出了一个笔画之中内涵的运动变化。在邱振中教授的文中，我们可以看到中国书法的线条和康定斯基对于点线面的指向不同，“西方艺术家对于线条内部运动的敏感从未受到过明确的引导或暗示”。

在一个笔画书写的过程中，由于手的提按和书写速度以及笔头毫毛的软硬等各种因素，会出现形态和轮廓上的变化。孙过庭在《书谱》中称:“一画之间，变起伏于锋杪；一点之间，殊衄挫于毫芒。”他形象地描述了笔画中的变化，这也成为书法家所追求的一种基本笔法。

明式家具中的构件也不乏此类内部运动。如前所述，一波三折的笔法运动在很多构件中都有所表现，但是笔画的变化方式并不局限在方向上，在粗细和截面形状上都会有所不同，最终形成丰富的造型。

(1) 水平线

官帽椅的搭脑（图 2-20)，如笔画在行进的过程中不但在方向上一波三折，而且在粗细上也有变化，并出现顿笔和提按的特征，顶部中央向后上方削成尖棱，如同中锋突然变为侧锋，后又变回中锋，运动过程充满着奇和险的戏剧性变化。从侧面看时，中部

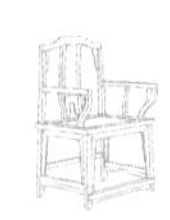

图 2-20
椅子搭脑侧面

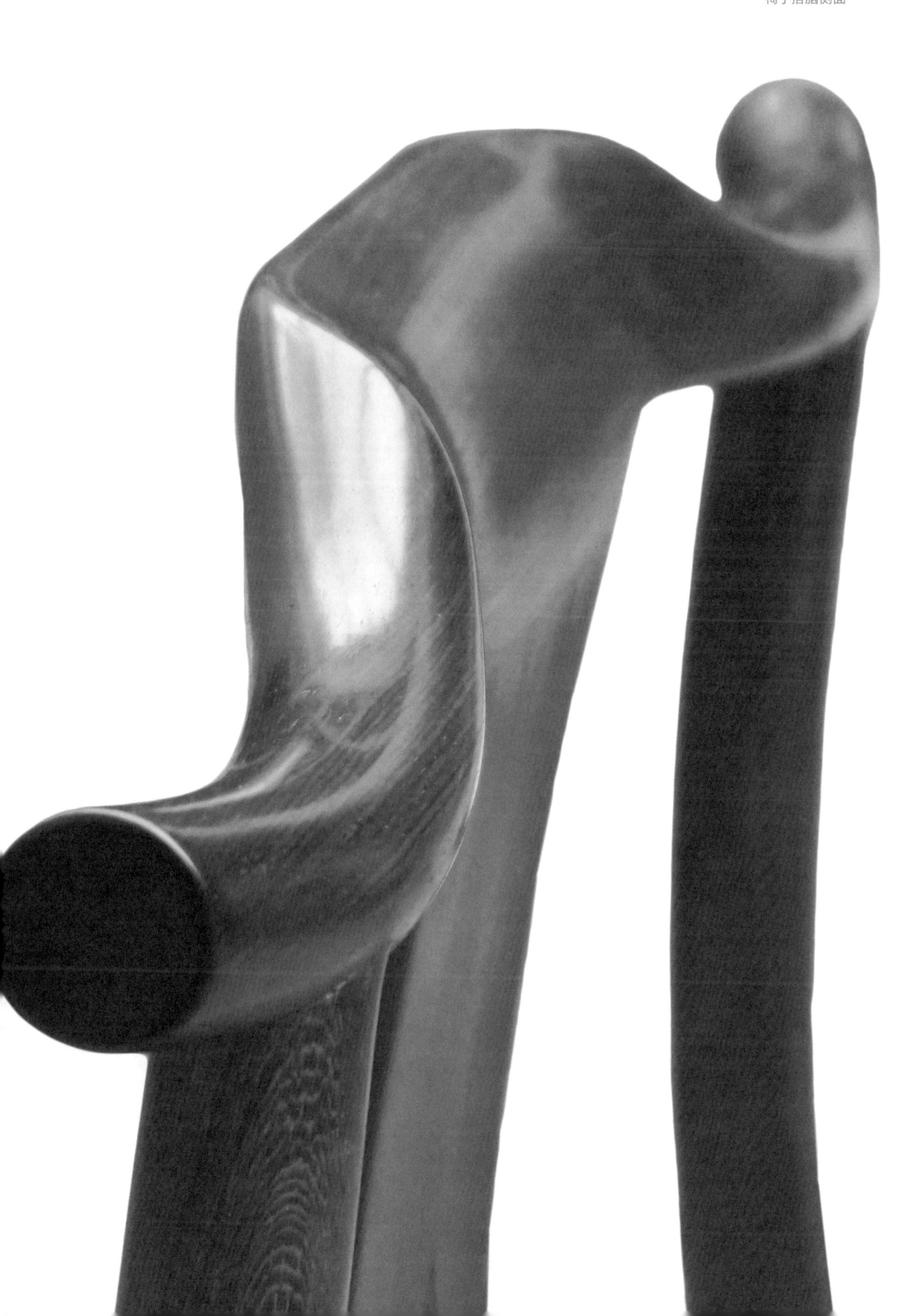

又如同同向落笔的中锋，具有强烈的方向感。(图 2-21)

（2）垂直线

椅子的后腿在垂直方向上也产生变化，椅面下的部分是直的，椅面以上呈弧线或波浪线变化。不仅如此，椅面以上的部分，椅腿截面为圆形；而椅面以下的部分，为了承托椅面改为外圆内方的形式。前面的两腿有时会穿过椅面在上部形成弯曲的鹅脖。

（3）圆弧线

以圈椅为例，椅圈的弧线在运动过程中的直径并不是单一的尺度，而是在不断产生粗细的变化，充满着韵律感，具有了书法中草书的意象。(图 2-22/ 图 2-23) 扶手下称为“连帮棍”的构件，通常也是下粗上细的弧线或波浪线，如同生长出来的嫩枝，充满向上的生命力。

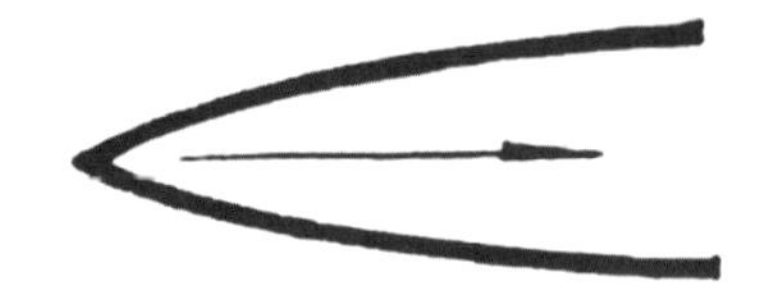

图 2-21
中锋笔法

图 2-22
书法中的单线变化

4. 笔断意连——过渡处理

书法中的笔法强调每个笔画之间的呼应或者在章法中每个字之间的联系，明式家具在造型中常常体现出这种意象。比如壶门是常见的一种造型，但是如果处理不好，会有过于尖锐之感，不符合明式家具整体的柔和美感。所以在一些家具的壶门中央部位，左右两条 S 形曲线的交合点，沿边的起线继续向上延展出去，再向左右展开形成卷草纹的图案，显得舒展悠长，化解了壶门的尖

图 2-23
椅圈的粗细处理

锐造型带来的视觉不适。(图 2-24)

图 2-24
壶门中部处理

明式家具中的筋骨意象

由于中国书法的工具特性，如毛笔和宣纸都具有柔软的特点，所以书法体现的都是柔美的感觉，但是也容易陷入软弱无力的危险。针对这种弊端，魏晋时代中国书法的评价体系里产生了“骨”“筋”“肉”之说，《笔阵图》中说：“善笔力者多骨，不善笔力者多肉；多骨微肉者谓之筋书，多肉微骨者谓之墨猪。”王羲之主张“藏骨抱筋，含文包质”(《用笔赋》)，欧阳询也说：“筋骨精神，随其大小。”(《八诀》) 这种筋骨之说旨在增强书法的力度感，以避免产生柔媚无力的现象。

1. 明式家具之骨

白居易在《素屏谣》中形容屏风时说“木为骨兮纸为面”，“骨”

在家具中可理解为骨架，即家具的基本框架构成单位，具有承重或牵拉作用。如前所述，尽管家具的构件如笔法一样强调藏锋护尾、一波三折，但如果处理不好也容易失去骨感。如明代书法家赵宧光所言:“笔法尚圆，过圆则弱而无骨;体裁尚方，过方则刚而不韵。”家具在承重结构中还是要方圆结合，以体现力度。

明式家具的“骨”体现在家具的主体框架上，椅凳和桌案的腿足及枨子，柜橱的柜帽、闩杆、枨子、腿足，架子床的门柱、

图 2-25
架几案的结构

角柱，这些结构呈圆柱、椭圆柱、方柱等，互相穿插咬合，形成“口”“日”“田”“四”“西”“卂”“具”等字形，这些构件在承重部分多为笔直的线型（弯马蹄除外），令家具产生坚固、稳重、挺拔之感。(图 2-25)

“骨”常常和“骨力”联系在一起，体现的是力度之美，如韦诞曾说:“杜氏杰有骨力，而字笔画微瘦。”王僧虔云:“郗超草书亚于二王，紧媚过其父，骨力不及也。”明式家具的构件从总体比例上来说偏细，体现的也是一种骨力。唐代杜甫诗中曾提出“《苦县》《光和》尚骨力，书贵瘦硬方精神”。他赞美了蔡邕书法中的骨力，崇尚其具有古意的瘦硬笔法。明式家具的造物者在尚古的基础上继承了这种审美取向，在家具中努力体现其中瘦硬的骨力。明式家具构件较细的原因:一是家具用材多为硬木，在当时来说价格昂贵，体现了节约成本的原则;二是硬木材料硬度较大，所以能够做细，如果用柴木做如此细，就无法保证结构的强度。正是因为文人和工匠对于审美价值和材料特性的深刻认识，成就了明式家具器朗神俊的艺术特征。

2. 明式家具之筋

魏晋时期的卫夫人提出“多力丰筋者圣，无力无筋者病”，成为魏晋书法的审美标准，并影响了她的学生王羲之:他在《题卫夫人〈笔阵图〉后》说:“夫欲书者，先乾研墨，凝神静思，预想字形大小、偃仰、平直、振动，令筋脉相连，意在笔前，然后作字。”并在《书论》中曰:“第一须存筋藏锋。”

“筋”和“骨”常联系在一起，它们的反义词是“肉”，谓之缺乏力度、没有精神，“肉”之书法作品往往被戏称为“墨猪”。明代的文人在书法上崇尚魏晋遗风，也体现在家具的设计上。

明式家具由于在形态上多为曲线，呈现出温润柔和之美，但是也容易失去力度、陷入娇媚的“肉”之弊病，在骨中存筋的做法就避免了这一缺陷。明式家具中的筋体现在线脚的处理上，具体分为两种，即起线和打洼。

图 2-26/ 图 2-27
起线做法

起线即在家具的骨架构件与外部空间的临近边界之处做出外凸的细线，这些细线截面是凸起的半圆形，或者是四分之一的圆形，常常沿着家具的边界围绕一周形成闭合的系统（俗称为交圈），这种做法进一步强化了边界转折处的线形变化，并使家具的腿足之间或四面的牙板筋脉相连、气韵贯通，具有一气呵成的整体感；或者在桌案腿足的中部做出“一炷香”的垂直筋线，令原本平直的腿面显得更有力度（图 2-26）；或者在家具中的雕刻和开光周边起线，起到突出主题的作用。笔者也曾看到民间收藏的一件罗汉

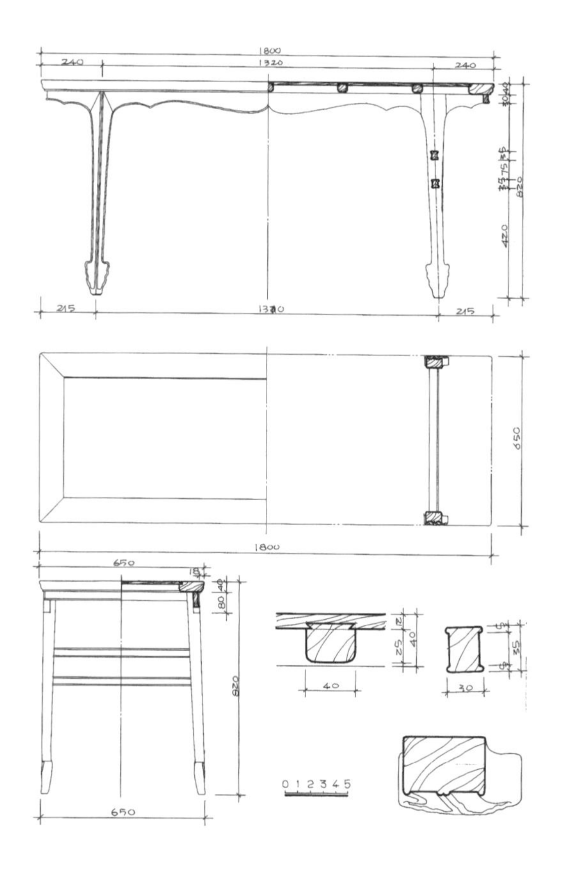

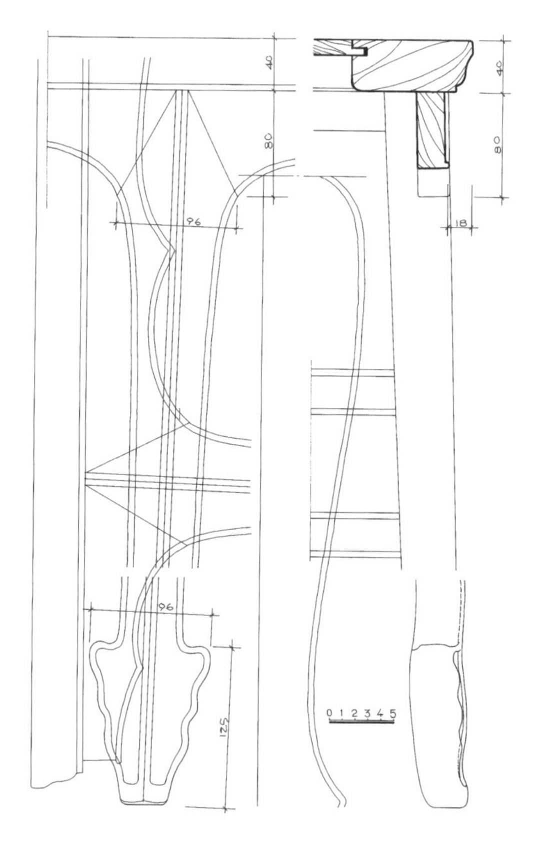

图 2-28
箭腿平头案三视图

床，其围板上沿一圈都做了起线处理，使尺度较大的罗汉床显得秀美隽雅（图 2-27）。从图 2-28 的制图中也能清晰地看到起线的正投影图和剖面图。

打洼的做法和起线不同，但是目的却殊途同归，同样是突出边界的筋线，一般出现在体量较大的柜、橱等家具边框和窗棂或围栏上。古斯塔夫·艾克先生在谈到床榻花格时就提到“花梨木的花格条除了朝墙那面外通常都带浅的凹槽”。[52] 其做法就是把家具的骨架部分原本平直的构件外表面由外侧两边向内打磨成弧形的凹面，这样从视觉上弱化了板材的“面”的感觉，而强化了凹面两侧的“线”的效果。这样的处理，使原来体量较大的家具的笨重感消失了，具有了轻盈和飘逸感。(图 2-29)

52 ［德］古斯塔夫·艾克. 中国花梨家具图考 [M]. 薛吟，译. 北京：地震出版社，1991：17.

还有一种做法是先在家具的边界起平面的线脚，然后在这个线脚上做打洼处理。无论是起线还是打洼，这些做法并没有实际的结构或使用功能，但是使家具获得了“精、气、神”，成为明式家具的艺术特征之一。所以明代的工匠为了达到起线或打洼的效果，在制作板材初期要铲去筋线以外大面积的木料，即使是昂贵的硬木也在所不惜。这充分体现了家具制作者把艺术形式美放在终极的追求目标上，而材料和工艺都是为艺术服务的。

图 2-29
卷书案中的打洼做法

澄怀观道

——明式家具中的绘画意象

《周易》曰:“是故夫象，圣人有以见天下之赜，而拟诸其形容，象其物宜，是故谓之象。”“象”是人模拟自然的产物，古人在观察宇宙间万物的自然形态时产生了模拟的动机，进而结合思维活动运用到造物的形态中，也就是艺术创作时所称的“外师造化，中得心源”。明式家具的取材、造型及雕刻无不体现出这种造物观，将自然界万物的意象纳入家具之中。如前文所述，文人、书法家对于明式家具的意匠具有影响作用，同样在家具中也直接反映出文人绘画的意象。

山水移情

孔子曰:“知者乐水，仁者乐山。”这句话道出了中国人钟情自然的审美态度。山水画在南北朝时期兴起，成为中国文人观照宇宙本体和生命的精神寄托，如六朝山水画家宗炳所言“圣人以神法道而贤者通，山水以形媚道而仁者乐”。对于山水的体味并不需非要到大自然中体会，绘画中的山水也能起到真山水所不能起到的“应会感神，神超理得”功能。所以宗炳也说:“老病俱至，名山恐难便游，唯当澄怀观道，卧以游之！”通过绘画便可体会到“道”的真谛，应和了老子的“不出户，知天下。不窥牖，见天道”之说。

郭熙在《林泉高致·山水训》中解释了喜爱山水的原因:“君子之所以爱夫山水者，其旨安在？丘园养素，所常处也。泉石啸傲，所常乐也。渔樵隐逸，所常适也。猿鹤飞鸣，所常亲也。尘嚣缰锁，此人情所常厌也。烟霞仙圣，此人情所常愿而不得见也。”

明代文人对于山水的热爱转移到了园林营造和家具制作上。由于海禁的开放和贸易的繁荣，海外硬木开始被大量引进，各地的材料也开始流通，明初的曹昭发现了这一现象，在《格古要论》里还以少见多怪的语气称这些木材为“异木”，但他也提到了木材的“山水、人物”纹理。而随后的江南文人们也逐渐意识到这些材料纹理中蕴含的山水意象与园林的山水意趣内在的一致性，于是开始了对其艺术效果的挖掘和探索。对于山水肌理的崇尚，决定了家具的选材，并逐渐形成了独特的家具意象。在各种文献中，我们都可以看到当时描述家具材料纹理时，多用山水、人物、鸟兽、鬼面等词类比。其中用得最多的便是“山水”。材料的选择，最终成了明式家具制作的首要任务，这也是尊重自然、体味自然的造物观的反映。明式家具常用的紫檀、黄花梨（图 2-30）、酸枝木、鸡翅木等木材，无不是色泽深浅不一，纹理走势多变，近观如同山石的断层抑或水的波纹，层层叠叠，连绵不绝，明代的曹昭、李时珍、文震亨在著作中都有形象的描述；而家具中常用的石材纹理更是如云雾中的远山，虚无缥缈，亦真亦幻，这些石材大多用作罗汉床的围板、桌子

图 2-30
黄花梨纹理

或屏风的面芯板等。(图 2-31)

图 2-31
大理石纹理

前人对于材料的山水纹理描述整理如下：

骰柏楠木出西蜀马湖府，纹理纵横不直，中有山水人物等花者价高。四川亦难得，又谓骰子柏楠。今俗云斗柏楠。

——《新增格古要论》

……楠木之至美者，向阳处或结成人物山水之纹。水河山色清而木质甚松，如水杨之类，惟可做桌凳之类。

——《博物要览》

其近根年深向阳者，结成草木山水之状，俗呼为骰柏楠，宜作器。

——明　李时珍《本草纲目》

大理石出滇中……但得旧石天成山水云烟如米家山，此为无上佳品。

——明　文震亨《长物志》

楚石出大理点苍山，解之为屏及桌面，有山水物象如画，宝

贵闻于内地。高督为十品：层峦叠嶂、积雨初霁、群山杰立、雪意未晴、雪峰千仞、岩岫半微、水石云月、云山有径、浅绛微黄、孤屿平湖。各系以诗。然其景不止此，或高公所得仅此耳。……

——《檀萃·滇海虞衡志》

《珍玩考》："大理府点苍山出石，白质黑文，有山水草木状，人多琢以为屏。"

——《大理县志稿》

川石出四川，此石白地青黑，花纹如山坡，性坚，锯板可嵌桌面。此石亦少，稀见大者。

——明　曹昭《格古要论》

水石，即祁阳石，出楚中，石不坚，色好者有山水日月人物之象，紫花者稍胜。……大者以制屏亦雅。

——明　文震亨《长物志》

图 2-32
瘿木柜局部

这些充满山水纹理的材料的采用，使家具成为一个浓缩并抽象化的自然，与园林融为一体，内外呼应。

瘿木是明式家具中常用到的一种特殊材料，它泛指所有长有结疤的树木。结疤也称为"瘿结"，生在树腰或树根处，是树木病态增生的结果。瘿结有大有小，小者多出现在树身，而大者多生在树根部。然而正是这种"病态"却意外获得了明代文人和工匠的青睐。《博物要览》在介绍花梨木时提道："亦有花纹成山水人物鸟兽者，名花梨影木焉。"它看上去肌理更加抽象，没有线形的纹理，呈现出匀质的不规则的结节状特征，接近老子所言的"无状之状，无物之象，是谓惚恍"的混沌意象。如果说普通硬木的肌理是小写意的话，瘿木的肌理更像大写意，细看如恣意流淌的墨汁，仿佛明末画家徐渭的"破除诸相"和"舍形悦影"笔墨，在似与不似之间传达出自然的神韵。(图 2-32)

正是这种接近绘画的材料和攒边打槽的做法，让一些家具的平面或立面产生了一种图底关系。面对家具的过程直接就变成了赏画的过程，家具本身变成了一幅幅立体的画面。按照家具平面或立面的分割形式，可分为单幅画面、双幅画面和多幅画面。

（1）单幅画面

主要指单一的画面为审美客体。典型的形制以座屏为例，它本来是有挡风的功能，但是到了明代逐渐成为完全的陈设品，仅保持了观赏的功能，以镶嵌在木框中间的大理石为审美对象，让人感受其中隐含的山水意象。基于这种基本审美方式，可以延伸到其他家具上。于是椅子的靠背板、桌案的台面等都可成为独立的画面。椅子的靠背板也分为几种类型，有独板的木材，显得画面完整；有的在靠背板中再镶嵌一块瘿木或者大理石，起到画中有画的效果。

（2）双幅画面

主要是以双扇门的柜子为例，柜子门板形成对称的两幅画面，突出两个画面的纹理。因为门板一般呈竖长的比例，尤似唐宋以来的山水画之竖向构图，而从元末以来这种构图更是渐趋狭长，到了明代，吴派画家作品将垂直拉长的构图发扬光大，成为其作品的特色之一，如沈周的《崇山修竹》(112.5 cm×27.4 cm)(图 2-33)和文徵明的《千岩竞秀》(132.6 cm×34 cm)。大面积的木材纹理和山水画的内容无论从构图上还是意象上极为接近，如曹昭在品评宋代画家郭熙作品时说："郭熙山水，其山耸拔盘回，水源高远。多鬼面石、乱云皴、鹰爪树、松叶攒针……"[53] 为了保持画面的完整尽量采取完整的独板，一般是一块木料裁为两半，但是尽量避免绝对的对称；或者由数块窄板拼装而成。两块门板的画面保持均衡之美，各自画面独成一体，又保持家具的整体性（图 2-34）。正如石涛论笔墨时所言："山川万物之具体，有反有正，有偏有侧，有聚有散，有近有远，有内有外，有虚有实，有断有连，有层次，有剥落，有丰致，有飘渺，此生活之大端也。"

53 曹昭. 格古要论[M]. 北京：中华书局，2012：77.

图 2-33
沈周的山水画

图 2-34
黄花梨的山水意象

图 2-35
大理石围板罗汉床

(3) 多幅画面

就是在双幅画面的基础上再进行分割，形成多个画面。以罗汉床为例，(图 2-35) 围板上的多块大理石组成连续的画面，形成强烈的空间围合感，令人仿佛置身于山水之间。万历柜也在家具的看面上镶嵌了多块大理石，强化了山水主题，增强了视觉的冲击力，令人流恋于前，回味无穷。(图 2-36)

除了取材于这些具有山水意象的木材和石材之外，明式家具还用真正的画作和木材结合的方式，尤其体现在屏风上。从唐宋以来的绘画作品中可以看出，屏风中的画面多为山水，此时屏风的概念其实就是一个可以立在地面上的画框，供人欣赏其中的画面。

从这些山水画的意象中，明代的文人雅士们可以足不出户便在举手投足之中体会大自然的气象万千，做到“高山仰止，景行行止，虽不能至，而心向往之”。

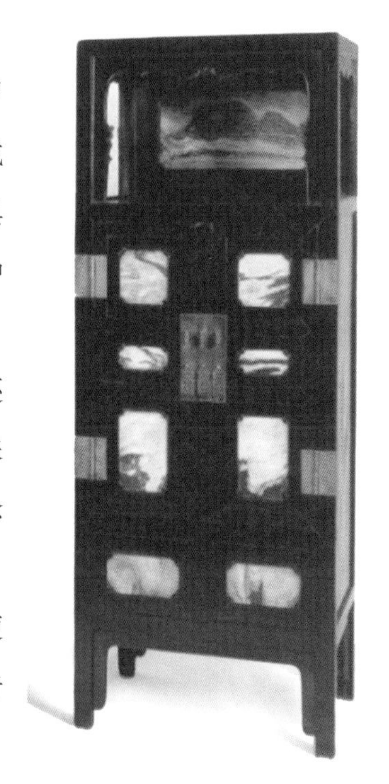

图 2-36
镶嵌大理石的万历柜

竹子移形

中国绘画艺术中的意象多取材于自然物象的形态，但是并不局限于单纯的模仿，而是将其进行抽象和凝练，通过人的感知进行创造。从大自然中直接获取灵感也是明式家具的创作来源。

江南地区盛产竹子，用竹子做的产品种类繁多，体现在生活中的各种活动中。竹子因为其特性被历代文人赋予了很多的精神内涵，它的虚心、有节等特点成为文人自身风骨的隐喻，因而倍受文人青睐，如宋代李衎形容竹子为“冲虚简静，妙粹灵通，其可比于全德君子矣”(《竹谱详录》)。“岁寒三友”和“梅兰竹菊”四君子的故事出现在各种艺术形式中，以竹子为题材的绘画长盛不衰，历代画竹名家层出不穷，竹子在造园中必不可少。苏东坡说“宁可食无肉，不可居无竹”，王子猷说“何可一日无此君”，都道出了传统文人对于诗意栖居的追求。同样竹家具也被文人所喜爱，从宋代的诗词中也可窥一斑，如“壶山居士，未老心先懒。爱学道人家，办竹几，蒲团茗碗。”(宋自逊《蓦山溪·自述》)“纸屏石枕竹方床，手倦抛书午梦长。”（蔡確·《夏日登车盖亭》）诗中的竹几、竹床已经广泛应用，在北宋的绘画中就可以经常看到竹椅的身影。明代以来硬木家具首先在苏州地区开始萌芽，其形制一开始就受到竹家具的影响，主要体现在以下几个方面。

（1）家具采取竹木结合的材料

由于硬木材料在明代属于奢侈材料，为了节省材料，同时也为了满足文人心中的竹子情结，一些家具采用了木材和竹材结合的办法。屠隆在描述榻的形制时就说：“周设木格，中实湘竹，置之高斋，可足午睡。梦寐中如在潇湘洞庭之野。”[54] 文震亨在论述橱时也说“小者以湘妃竹及豆瓣楠、赤水、椤木为古”。在英国收藏家马科斯·弗拉克斯的收藏作品中，我们看到了有表性的三个面条柜，分别采用了三种竹工艺来和木结构相结合，并呈现了各自不同的意象特征。

这三个柜子正面和侧面的边框均用了黄花梨的木材，门板的板材都用了竹子，但是工艺各不相同。

第一个面条柜的门板的部位采用了极薄的竹梂编织的做法，形成了半通透的空间效果，看上去轻盈剔透，将竹材的轻薄特点发挥到了极致，同时又将竹片的刚性特点体现出来，看上去坚挺有力。这种细密编织产生的立体感会随着人的视角的移动呈现出丰富的动态变化特征，同时又和木材结合得天衣无缝。（图 2-37）

第二个面条柜采用的是条状的斑竹，将竹片平行排列，安置在木材的框架上。竹子紧密并置不留缝隙，远看上去如同竹林一样，仿佛是江南地区的竹海。同时斑竹自身的肌理也形成一种笔墨效果，如同点染的水墨一样，出现墨渍的变化，让竹林产生一种光影效果，仿佛是阳光照耀在竹林中。在明清时期的绘画作品中，我们可以看到斑竹家具受到文人和宫廷的青睐，这都与斑竹的肌理有关。（图 2-38）

第三个是文人用的小矮柜。它的表面由短的竹片排列形成四方连续的图案效果。正面是卍字形排列，侧面的是同心的六边形

54 屠隆．考槃余事 [M]．北京：金城出版社，2012：240.

图 2-37
竹梂编织做法

图 2-38
竹条排列做法

图 2-39
竹片排列做法

组合，蜂窝状的排列显示出强烈的秩序感和现代几何美感。这种排列方式如同龟背的纹理，在中国传统文化中具有长寿吉祥的寓意。（图 2-39）

古斯塔夫·艾克先生曾说过“中国木工工匠尊重材料的本质，从来不用表面镶贴，除非是在不耐久的低级家具中”。但是同时他也认为竹片镶面是一种特殊的工艺。以上第二例和第三例都采用了竹片镶面的做法，这种做法不但没有削弱硬木家具的材质美感，反而从工艺上对家具的品质做了提升。

图 2-40
无束腰裹腿做法

竹工艺做法在中国源远流长，丰富多彩，和硬木的结合使用丰富了形式语言，同时也降低了材料的成本，体现了就地取材和因地制宜的造物观。

（2）木家具借鉴竹家具的做法

文震亨不提倡文人使用民间的竹家具，认为其不够雅致，但是竹家具的做法影响了明式家具的形制却是不争的事实。竹子具有柔韧性，可以折弯，因此竹家具的造型具有柔美的特点。中国古人历来崇尚柔和之美，如老子所言：“将欲歙之，必故张之；将欲弱之，必故强之；将欲废之，必故兴之；将欲取之，必故与之。是谓微明，柔弱胜刚强。”竹家具的这种柔美吸引了明代的文人和工匠，于是用硬木来模仿竹家具的做法成为一种风尚，并因为模仿弯曲竹型而产生了明式家具的一些特殊结构方式，如无束腰裹腿的做法和俗称“挖烟袋锅”的圆材闷榫角接合结构（图 2-40/ 图 2-41）。还有在一些方凳的圈口和券口的做法也是借鉴了竹家具的形制。

图 2-41
玫瑰椅靠背的闷榫角接合做法

（3）用木材模仿竹子的形态

还有另外一种做法就是用木材直接模仿竹子的外形，在木材表面做出竹节，令家具远看时仿佛是竹子材料所做，但是所有的结构方式还是木家具的榫卯做法。王世襄先生的《明式家具研究》里就录有竹节纹条桌和仿竹材圈椅，所有的木构件都是刮出竹节，惟妙惟肖。而所示的两用桌更是巧妙地利用了竹子的竹节特征，在腿足的第三节和第四节之间断开，内藏榫头，使桌子在腿足相接时当作长条桌使用，而在腿足分开时当作炕桌使用。由于断开处藏在竹节内，所以两部分衔接得天衣无缝，毫无生硬之感，将竹子的特点发挥到极致（图 2-42）。竹子在中国资源丰富，尤其在南方种植普遍，和进口硬木相比，价格是非常低廉的，用硬木来模仿竹子的做法，显示出中国文人赋予竹子的精神内涵上的层次要远高于硬木，竹子代表的高洁、孤傲以及风骨使它在文人心目中的地位极高，是其他木材无法比拟的。家具与人在精神上融为一体，如苏轼云："其身与竹化，无穷出清新。"宋代李衎欣赏竹画时也说："画为图轴，如瞻古贤哲仪像，自令人起敬起慕。"（《竹谱详录》）相信古人使用仿竹家具时，也会产生和雅士交流之感受。这也表现了中国传统造物中的"意以象尽，象以言著"（《周易略例·明象篇》），"意"与"象"不分家的观念。（图 2-43）

图 2-42
竹节拆装桌

百象寄兴

明式家具作为一种文人家具，它的绘画意象不仅仅体现在山水和竹子上，事实上，几乎传统绘画的题材都在家具上有所体现，从人物到花鸟以及建筑和生活场景，等等。在前文所述的燕几图有 25 类 76 种名称，皆为各种物象之名。明代的戈汕延续了黄伯思的意匠，在意象上也做了延展，他设计的蝶几图有八大类，如方类、直类、曲类、楞类、空类、象类、全屋排类、杂类，其中的象类就是一些具体的形象，涉及建筑小品、山石、乐器、祭器、

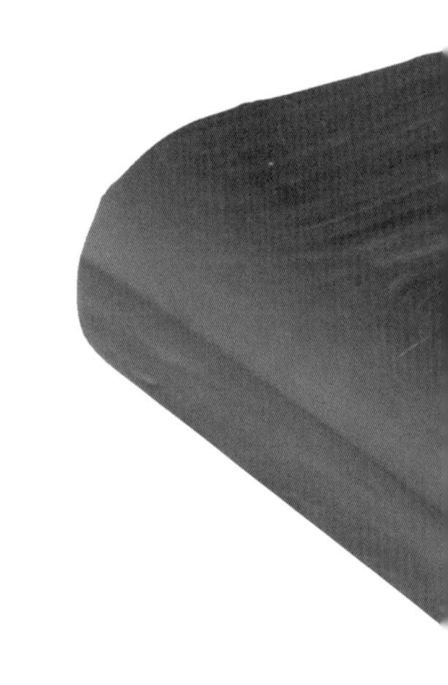

图 2-43
侧面竹节纹卷书小案

图 2-44
扁舟野渡主题座屏

植物、动物、日常用品、自然现象等，可谓包罗万象。如茅亭、平山、石洞、石磬、古鼎、胆瓶、羽觞、石床、斗帐、短蓑、竹帐、双屐、竹阁、斜山、书帏、曲阑、轻舟、野店、酒帘、小桥、野菱、竹龛、平台、女墙、曲池、飞鸿、蝴蝶、轻燕、双鱼、新月、桐叶、秋葵叶、葵宝。这些形象名称大多是文人诗词和绘画题材中常见的一些元素，具有强烈的诗情画意，应和了文人对大自然的精神关照。如王维的诗中云："颓然居一室，覆载纷万象。高柳早莺啼，长廊春雨响。床下阮家屐，窗前筇竹帐。"体现出文人家具的特征。以几何形态来拼装实物形象的做法属于抽象的做法，以引起使用者无尽的联想为目的，在使用过程中仿佛徜徉在文人画的世界里，从而得到家具带来的文人意趣。(图 2-44)

明代家具中也常见到直接在家具上进行彩绘和镶嵌的表现形式，题材更是无所不包，涵盖了传统绘画中的各个门类。从工艺上来说，这种做法属于髹漆工艺。漆工艺是我国传统造物的重要遗产，从距今七千年前的河姆渡文化时期就开始出现在木碗髹漆上，后来成为生活用具的主要做法。到了明代中晚期，随着经济的繁荣和文化的昌盛，漆工艺获得了空前繁荣的局面，其绘画性也得到了增强，并直接表现在家具上。明代漆工艺得到了较全面的发展，并且诞生了由黄成撰写的中国第一本论述漆工艺的著作《髹饰录》，从中可以看出漆工艺在家具中的体现。常见的几种工艺有色漆、罩漆、彩绘、描金、堆漆、填漆、雕填、犀皮、剔红、剔犀、款彩、戗金、镌蚼、百宝嵌等。黄成描述镌蚼时说："其文飞走、花果、人物、百象，有隐现为佳。壳色五彩自备，光耀射目，圆滑精细，沉重紧密为妙。"可见其题材广泛、内容丰富。

这些髹漆工艺应用在各种生活器皿上，同时也在家具上做了大量的应用，画面内容也是包罗万象。据明代钱泳的《履园丛话》中记述：

"周制之法，惟扬州有之。明末有周姓者，始创此法，故名周制。其法以金、银、宝石、珍珠、青金、绿松、螺钿、象牙、蜜蜡、

图 2-45
郊游狩猎主题漆器

沉香为之，雕成山水、人物、树木、楼台、花卉、翎毛，嵌于檀、梨、漆器之上。大而屏风、桌椅、窗槅、书架，小则笔床、茶具、砚匣、书箱，五色陆离，难以形容。真古来未有之奇玩也。”

明代成化以来，随着社会经济的发展，以苏州为中心的富庶的江南地区逐渐流行奢靡之风：“自金陵而下控故吴之墟，东引松、常，中为姑苏。其民利鱼稻之饶，极人工之巧，服饰器具，足以炫人心目，而志于富奢者争趋效之。”据明代的赵宽在《素轩记》中描述，当时的苏州一带出现了“庶人之家而拟诸尊之饰”的社会风气，“凡居室、服御、器用之物，婚姻丧葬之礼，交接、饷馈、间遗、饔飧、燕享之事，竞为繁丽，以容治淫佚相高，而不恤其费”。而漆工艺的器物因为外表材料通常绚丽多姿、流光溢彩，应和了当时的这种社会风气。同时这些漆工艺的家具因为制作工艺要求高，价格昂贵，成为官员和富商所喜好和专享的奢侈品。如明代“周制镶嵌法”的周翥“为严嵩所豢养，严嵩事败后，周所制器物尽入官府，流入民间绝少”。而漆彩绘工艺在明代也很发达，以专为皇室制作器物的果园厂最为有名，可见采用这些工艺的器物很难进入寻常巷陌的百姓之家使用。

如同绘画和书法一样，漆器在历史上都是以礼品的形式馈赠或交换。如柯律格所说：“事实上明代流传下来的物品，其中相当大的比例都深陷于互利互惠的人际关系网，物品交换这一事实，使我们得以理解图像流通的全过程。”漆工艺的家具和器皿因为其华丽的外观，常常被用来作为礼品，尽管作为奢侈品流通于官家和富商的阶层，但从画面主题和内容上来看，依然是和文人生活有关，体现出当时整个社会的文化导向，也传达了美好吉祥的寓意。屏风、衣柜或椅子靠背板上等大面积的家具界面，会出现以下主题的内容，如科举考生奔赴考场、状元省亲、文人互访、博古弈棋、退隐归田、郊游狩猎或与婚礼有关的交换文定之礼、老君祝寿等。(图 2-45/ 图 2-46)

中国传统哲学思想中都强调对于装饰的度的把握，反对过分的装饰，老子认为“五色令人目盲”。孔子在形容人的仪容时说：“质胜文则野，文胜质则史。文质彬彬，然后君子。”表明了文饰和品质的辩证关系，这句话也常被引用作为造物创作中的审美标准，以表示装饰和格调的平衡关系。髹漆家具工艺繁杂，表现形式也丰富多彩，但是工匠为了表现技艺的高超，常常陷入滥用和过度的境地。《髹饰录》的作者黄成也意识到这种倾向，在“二戒”中强调要避免“淫巧荡心”和“行滥夺目”，认为过分追求华丽的技巧会使人心性不稳而堕落，滥用装饰令人晕眩。一些家具由于不加节制、过分追求工艺性和装饰性，反而削弱了其艺术性。一些彩绘和镶嵌的画面内容空洞、没有意境、格调平庸，不符合文人所推崇的雅致品格，很难归入文人所认可的雅器范围。比如笔者在前文所整理的《长物志》的雅俗之辨中，文震亨就将不同的髹漆家具区别对待。他特别推崇带有古断纹的家具和日本所制的黑漆嵌金银片的家具，而将部分带有漆工艺特别是大面积的金漆、红漆的家具列为非雅之器。

图 2-46
学堂读书主题漆器

虚室生白

——明式家具中的空间意象

诺伯格·舒尔兹（Christian Norberg － Schulz）提出了存在空间由大到小的五个阶段，如表 2-1 所示。

表 2-1　空间五阶段

1．地理阶段	一个由各种领域构成，无法以欧几里得原理来理解的空间阶段。它在“国家”“地理”这样的“对象”中进行使用
2．景观阶段	通过人的行为与地形、植物分布、气候等相互作用而形成，同一景观于不同的人来说，所产生的意义是不同的
3．城市阶段	在城市阶段中，人与人工环境的相互作用，在多数场合决定着结构。个人可以在这里找到一个在发展过程中与他人共有，并使自己得到最佳同一性感觉的结构化整体
4．住房阶段	所谓住房就是用住房的一切物理、精神诸相所表现的居住结构。住房是把各种不同性质场所构成的空间具体化，作为负担意义作用的诸活动体系而形象化
5．使用阶段	用具为存在空间的最底层阶段，即家具和用品阶段，这个阶段的诸要素是作为住房中的焦点而起作用

根据以上的定义，明式家具中的空间研究正是作为第五个阶段而展开的。但是舒尔兹没有具体说明家具中的空间是如何形成和使用的，而焦点的说法似乎也不准确，因为焦点意味着一个视觉中心，明式家具在空间中的地位是散点式的，其作用是整体而不是局部的。

沙拉·汉德勒在研究中国传统家具时也读出了蕴含在内的空间意象，在比较包豪斯时代的马歇尔·布劳耶设计的瓦西里椅和明式家具的扶手椅时，曾经对二者的共同点做过详细的描述。他认为二者没有过多的装饰，家具生动的美表现在平面几何形状和它们所构成的空间中。家具的设计者不喜欢坚实的固体块，而是用线和面组织属于家具的空间。

中国传统的书法和绘画讲求“计白当黑”，即通过在画面中的大面积留白产生虚实相生的意境，这正是中国艺术中的空间意识的表现。正如宗白华先生所言，“中国画中的虚空不是死的物理的空间间架，俾物质能在里面移动，反而是最活泼的生命源泉。一切物象的纷纭节奏从他里面流出来！”[55] 在明代的家具设计中已经有了空间的意识，在明代戈汕设计的蝶几图的八大类中就有一类

55　宗白华．美学与意境［M］．北京：人民出版社，1987：262．

称“空类”(图 2-47)，以家具围合出的中空的形式来详细描述其形态，共计有 21 种。但是他的这种中空形式仅仅是从平面图即俯视的角度来说的，还停留在二维的层面，实际上从三维的角度来说，家具的空间更加丰富。因为明式家具的结构总体以线性表现为主，留下了结构围合产生的大量三维空间。

明式家具中的空间意识主要体现在三个层面上，即空间的分隔、空间的围合和单体家具的空间变化。

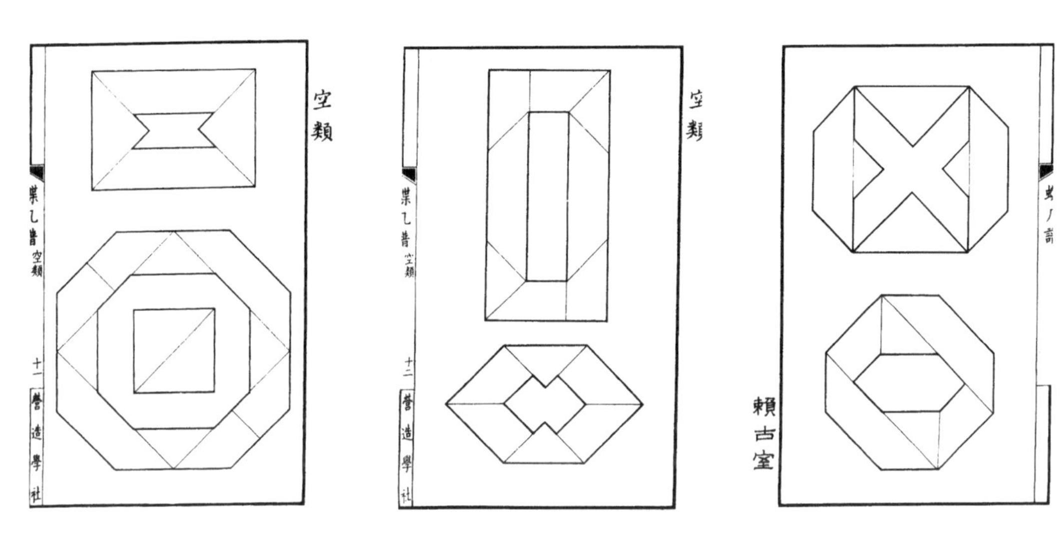

图 2-47
蝶几图的空类拼法

空间的分割

明代的画家唐寅临摹了五代时期画家顾闳中的著名作品《韩熙载夜宴图》，但是唐寅并没有完全进行复制，而是在临摹过程中进行了二次创作。在唐寅的作品中，所有的人物造型都忠实于原作，但是他在原作的基础上巧妙地添加了 20 多件家具，尤其是用屏风（折屏和座屏）对画面中不同时间段的场景进行了围合（图 2-48)。这样一来，画面里的空间感更真实了，每个故事的独立性也随之增强，原先人物清晰而空间模糊的画面变成了一幕幕带有情景的舞台剧。由此屏风的主要功能也一览无余。中国古代建筑以框架结构体系为主，在框架结构中，任何作为空间分隔的构造和设施都不与房屋的结构发生力学上的关系，因而在材料的选择、

图 2-48
唐寅摹 · 韩熙载夜宴图

身當鈞局乏魚羹預給長勞
借水衡廢盡千金收艷粉如
何不學耿先生
吳門唐寅

图 2-49
重屏会棋图卷

形式和构造等方面都有完全的自由。对于中国古建筑中宏大的内部空间来说，屏风弥补了空间过大的缺陷，承担了在西方建筑中的墙的任务，那就是分隔空间。

而在唐寅的绘画作品《琴、棋、书、画人物屏》中，人物似乎并不是画面中的主体，屏风在构图中占据了绝对重要的地位，只不过这次屏风从室内移到了户外。屏风在这里发挥了最基本的功能，就是挡风，但并不仅仅是挡风。这种画面的情景常常出现在明代的各种版画作品中，古代文人在室外雅集的时候，只有靠屏风才会找到一种场域感。在芦原义信的《外部空间设计》里我们会找到一个恰当的定义：只要在空间里出现一堵墙壁，有时就会产生出乎意料的效果，用这样的方法可以进行明暗、表里、上下、左右等的空间划分。尽管这幅画的主题是描述古人雅集的情景，但是屏风在画面中所占的面积和人物所占面积不相上下，而且屏风上画的内容也几乎是完整的，形成画中有画的效果，让观赏者

的目光不自然地集中到屏风上的画面中，随着画面中高远、平远、深远的透视角度走进山水的世界。

如果屏风是平面为U字形的折屏，这种空间感会更加强烈。如芦原义信所言：“由于被框框所包围，外部空间建立起从框框向内的向心秩序，在该框框中创造出满足人的意图和功能的积极空间。相对地，自然是无限延伸的离心空间，可以把它认为是消极空间。”[56] 中国传统绘画中有所谓的“重屏图”，在五代周文矩的绘画作品《重屏会棋图卷》中，四位雅士也是在一个座屏隔出来的空间中下棋，不过这个屏风中所画的内容居然和前面实景中的内容非常接近，表现的同样是一个屏风前的人物活动，只不过里面的屏风是三扇折屏。由于前景和后景采用了同样视角的轴测角度，所以令画面产生了深远的透视错觉。画家在画中正是表现了一种积极的空间，满足了人对空间无限延伸的向往（图2-49）。元代画家刘贯道的《消夏图》也采取了类似的构图，显示出屏中有屏的空间意象，而且屏风中还有一个和屏风外的榻从形制上和透视角度上都完全一样的榻，增强了画面的趣味性。(图2-50)

56 ［日］芦原义信. 外部空间设计［M］. 尹培桐，译. 北京：中国建筑工业出版社，1985：3.

从上述几例不难看出，屏风虽然分割了实际空间，但是让人的心理空间不但没有缩小反而更大了。透过画面中的场景，人们虽然身在屏风前，精神却已经悄然延伸到大自然的高山流水中或者遁入一个无边界的室内空间中。

图2-50
消夏图

对空间的认知需要从三维体系的不同方向去体验，分割空间也不仅是水平向的分割，还有垂直向的分割。中国的传统建筑在外观竖向上有台基、屋身和屋顶之分，这种分割均衡了和人的比例关系。但是从室内来看，屋身和屋顶已经融为一个整体的空间，从视觉上来说室内要比室外的空间尺度显得高大很多，这就造成了在室内人和空间的比例失调，人在大屋顶笼罩下的空旷的室内显得无所适从。可见空间的高度对于精神感受的影响很大，如彭一刚先生所言："室内空间的高度，可以从两方面看：一是绝对高度——就是实际层高，这是可以用尺寸来表示的，正确地选择合适的尺寸无疑具有重要的意义。如果尺寸选择不当，过低了会使人感到压抑；过高了又会使人感到不亲切……"[57] 但是家具（尤其是屏风）作为人和建筑之间的一个中介，从尺度上起到了过渡作用，调和了人与建筑空间的比例关系。我们在宋明的绘画和版画作品中看以看到，在正厅或书斋中，画的主角背后常有屏风作为背景出现。在故宫太和殿里，如果没有室内正中的那个屏风的存在，我们可以想象，坐在大殿上的皇帝在群臣的视线中会多么渺小，完全失去了君临天下的威仪。(图 2-51)

57 彭一刚. 建筑空间组合论 [M]. 第 2 版. 北京：中国建筑工业出版社，1998：44.

中国家具常用一"堂"来形容一套系列家具。根据《说文解字》的解释"堂：殿也"，堂字本身就具有空间的意思。传统家具的组合不仅完善了使用的功能，同时也具有划分空间的意义。家具首先要根据建筑空间的尺度和类型不同来摆放，如文震亨在《长物志》里所言："高堂广榭，曲房奥室，各有所宜。"家具的设置常常限定了人的活动范围，规范了人的交流方式。我们可以看到，在盖里设计的毕尔巴鄂古根海姆美术馆里，自由曲面的建筑表皮下是各个独立的方形展厅；在保罗·安德鲁设计的中国国家大剧院里，卵形的屋盖下面是各个方形的剧场。这种大空间下庇荫的小空间也正是中国传统空间的特点，在大屋顶笼罩下的整体空间之内，家具的摆放和围合对空间进行了二次划分。相对于中国传统建筑来说，传统家具从来就不是孤立存在的，家具构成的空间变化弥补了建筑外观单一的缺憾，丰富了室内空间的构成形式，而家具和建筑空间的浑然一体又变化万千正是中国式建筑空间的本质所在。

图 2-51
六扇屏风

層巒叠

空间的弹性可变

无论是唐寅的《琴棋书画》图，还是相传宋人的《十八学士图》(图 2-52)，都体现了古代画家在常见的文人雅集的题材绘画中隐藏空间的意识，即弹性的可变空间，即家具可以自由地移动。正是屏风这种可以轻便挪移的分割界面，使空间具有了弹性变化的可能。不仅是屏风，中国家具从一开始就具有这种可以任意挪动的特质，造成了空间的可变性和多义性。

图 2-52
十八学士图

屏风在先秦经典中最早被称为“扆”。《荀子・正论篇》说天子“居则设张容，负依而坐”，证明了它设置的临时性。“王及诸侯临时的听政与休憩之所，便常常可以根据需要随时布置于上下左右前后，而用‘扆’方便隔出一个‘尊位’来。”[58] 后汉李尤在《屏风铭》中写道:“舍则潜避，用则设张。立必端直，处必廉方。雍阏风邪，雾露是抗。奉上蔽下，不失其长。”形象地描述了屏风的使用方式。在室外，屏风可根据需要围合出博古空间、品茗空间、弈棋空间等；在室内，屏风可以围合出会客空间、餐饮空间、办公空间等。

因为木质家具的轻便特征，大部分家具皆可根据使用情况随意挪移。从现存的明代绘画作品中我们也可以看出，文人的雅集活动很多是在室外进行，家具也随之从室内搬到室外，除屏风之外还有桌案、椅凳等。如李渔在“位置”中所提倡的“贵活变”，强调家具尽量要经常移动，他说:“居家所需之物，惟房舍不可动移，此外皆当活变。何也？眼界关乎心境，人欲活泼其心，先宜活泼其眼。”[59] 李渔用拟人的手法进一步阐释，家具的灵活摆放或经常变换位置不但会令人的心情愉悦，也会使物与物之间产生离别和重逢的情愫，令室内环境充满生机。当然这种“活变”带来的是空间格局的改变和家具形式的变化（图 2-53)。对此朱家溍先生也生动地描述了桌椅和空间的关系：

“明代的家具，如几案桌椅的安放，移动相当频繁，到清代固

58 扬之水. 明式家具之前[M]. 上海：上海书店出版社，2012：65.

59 李渔. 闲情偶寄 [M]. 北京：华夏出版社，2006：259.

图 2-53
可拆装两用桌

定性的陈设多起来，但也有些照例的临时安放，例如吃饭，是每人每日都有的事，但不论住宅的房屋面积和间数有多大，从来没有在建造时设计某处是饭厅的习惯，所以住在某个院落的某一层房，习惯就在某一层房的堂屋开饭。堂屋有堂屋的陈设格式，不能把开饭的桌椅固定摆在堂屋的地面当中，所以必须临时安放，饭毕立刻撤去”。[60]

因为中国传统木结构建筑都是梁柱体系的框架结构，所以作为外部界面的墙壁即窗棂隔扇都不承重，也不是固定死的，所以皆可拆卸，家具的布局也会随之改变。文震亨在“敞室”中描述的正是这一情况：“长夏宜敞室，尽去窗槛，前梧后竹，不见日色，列木几极长大者于正中，两旁置长榻无屏者各一……”这也符合他在“位置”一章中的说法：“位置之法，繁简不同，寒暑各异。”[61]季节的变化也带来了室内家具摆放的动态可能。

60 朱家溍. 明清室内陈设[M]. 北京：故宫出版社，2012：161.

61 文震亨. 长物志[M]. 重庆：重庆出版集团/重庆出版社，2008：393.

家具单体的空间意识

老子在《道德经》第十一章说：“三十辐共一毂，当其无，有车之用。埏埴以为器，当其无，有器之用。凿户牖以为室，当其无，有室之用。故有之以为利，无之以为用。”对于空间概念的描述显示了空间在器物和建筑中的一致性，所以空间的概念同样适用于家具，对于家具的空间美学的探讨也由此展开。明式家具之美不仅仅是整体和局部构件的实体之美，这些实体围合出来的空间也同样具有美的特征。

彭一刚先生用“围”和“透”的方式来解读建筑空间的类型，依照这种分法，家具的空间类型是非常丰富的。下面逐一分析几种具有代表性的空间形式。根据明式家具的空间功能可分为三种类型，即结构型空间、置物型空间和载人型空间。

1. 结构型空间

结构型空间主要是家具的主体结构所围合而成，不具有人或物进入其内的可能，但是依然呈现出空间自身的美感。主要体现

在椅、凳、桌、案、几这一类家具的下半部分。这种空间的边界是腿足、枨子、牙板、壸门等结构件。这些构件主要承担着承载面的负重，并维持家具整体的坚固和稳定，同时围合成了四面内外通透的空间。

平面为圆形的坐墩最接近老子所言的容器特征。王世襄先生的《明式家具研究》里录有几款，外形皆取鼓式，保留有鼓钉的形态。明式的木质坐墩一般都是围合结构，侧面有开光，随着开光形式的不同也带来内部空间的变化，从封闭到开放的制式不尽相同。

基于结构的坚固和稳定，在家具束腰鼓腿构架的底足加一圈板条连接的设置，俗称为托泥。它是弥补角结合的榫接不够牢靠的一种加强措施。托泥随着家具的造型有方有圆，它在完成基本功能之外，在形式上产生了新的意象，使家具的六面体或圆柱体外表形成了一个全闭合的框架结构体系，在建筑中常称为“灰空间”。这种内部空间更加完整。由于围合空间的腿足、壸门、牙板或马蹄多为曲线造型，增强了空间舒展流动的效果。腿足的弯度变化也带来了空间形态的不同(图2-54)。在这个基础上产生各种变体，如托泥上移变为连接腿足的管脚枨，再继续上移，变为椅面下的横枨、罗锅枨或十字枨连接，再加上矮老、卡子花等装饰，使这个空间产生不同的层次，尤其是圆凳的内部形成饱满的空间。

图 2-54
方几

霸王枨的设计是明式家具中的一种独特结构形式。为了增强桌子（或长凳）的牢固度，避免腿部因为出梢而出现不稳，在面板和角腿内角设置霸王枨，起到了连接桌腿和桌面的作用，一方面拉住桌腿，另一方面托住桌面。而这种和桌面边缘成45度斜角的结构也带来了复合空间的效果，即大空间里包裹有小空间。从不同角度去看桌子，各个小空间会在视觉上相互交叉，产生丰富的空间变化。(图2-55)

基于明式家具中的空间通透性的设计原则，家具中除了坐卧的平面之外，几乎看不到面状的界面结构。即使在条几或案子的侧面挡板，也要尽量做镂空处理，甚至不惜将整板中间掏空做成透光。

如前文所述，一些家具常常是组合在一起供人使用，这些家具往往也能围合出丰富的空间。陈增弼先生生前就设计过一套明式组合餐桌椅，除了单体的线条疏朗、优雅大方之外，组合在一起更具有丰富空间变化。(图2-56)

2. 置物型空间

置物型空间是指在家具空间中可以陈设物品的空间类型，主

图2-55
霸王枨做法

图 2-56
带托泥组合餐桌椅

要以柜架类家具为代表。这些家具主要用来陈设一些文玩字画或书籍，具有浓郁的文人色彩。其基本框架宛如一个框架结构的建筑骨架，每层板之外四面皆空。在这个基本构架基础上，通过中间加抽屉或者栏杆、后背板、透棂门等形成丰富的形态，如亮格柜、万历柜、方角柜，等等，虚实变化也呈现出各种态势，比如上虚下实、上实下虚、上下虚中间实、前虚后实等，在视觉上形成全通透、半通透、全封闭等形制的变化。即使在外观是全封闭的圆角柜或方角柜的内部，依然会有空间虚实的变化，比如打开柜门后，里面还会分层设置隔板或抽屉，形成大空间内有小空间的变化。(图 2-57)

3. 载人型空间

这种空间主要以椅、榻、床为表现形式。

在椅面的上半部是一个四面围合的载人空间，这个空间和人的接触点最多，对人的上半身形成包裹。和西方的沙发不同的是，以明式四出头官帽椅为例，载人空间中除了坐面是完整的界面外，在靠背板的两侧和扶手下均是大面积的虚空，中间围合出一个人上半身的负形。罗汉床的空间构成方式与椅子类似，不同的是底部空间被压缩，上部空间在水平方向被拉长，可供人坐卧。这种大面积的留白在庄子眼中是“瞻彼阕者，虚室生白”。宗白华先生进一步解释为:“这个虚白不是几何学的空间间架，死的空间。所谓顽空，而是创化万物的永恒运行着的道。”

图 2-57
曲棂格透格柜

图 2-58
架子床

图 2-59
明代木刻版画中的拔步床

在宋代家具中以围屏来围合床榻的做法到了明代逐渐被独立的架子床取代。架子床延续了传统木结构建筑梁柱体系的做法，有四柱或六柱做法，结合四面围合的帐子构成一个封闭的空间。从结构上和建筑内外呼应，形成了大空间里面的小空间，在增强了床内空间的私密性的同时，也丰富了室内整体空间的构成（图 2-58）。有的架子床在正立面采用月洞式门罩，它正是借鉴了传统庭院中的围墙和亭子的门洞方式，令人在睡眠时恍如置身于室外园林。这样利用通感和联觉的心理效应，打破了室内外的空间界限，令人在休息时神游于天地山野之中。

拔步床的设计将床与脚踏合二为一，将床内的空间进行了二次划分，在床前形成一个浅廊。这种空间的构成方式实际上使床等同于一个缩小的建筑，使床内部有了内外、上下之分。床内浅廊还可设置小桌、杌凳、坐墩、灯架等家具，扩展了床的功能，但是保持了外部是一个六面体的形制。这种设计方法和现代主义建筑外观方正但内部空间多变的理念具有异曲同工之妙。(图 2-59)

在明代木刻版画中还可以看到，在床周边围合起来的隔扇，带有可以开合的门扇，这样床就完全成为一个内部层次丰富、外部独立的小型建筑。(图 2-60)

图 2-60
民间木刻版画中的卧室空间

老子所谓的“无”并非真的是一无所有，而是充满着生命力的“道”，他对“道”的描述也是抽象的:“道之为物，惟恍惟惚。惚兮恍兮，其中有象。恍兮惚兮，其中有物。窈兮冥兮，其中有精。其精甚真，其中有信。”(《老子》第二十一章）无论是置物型空间还是载人型空间，围合空间的立面多采用栏杆或棂格为围挡，造型沿袭了传统建筑立面的攒接和斗簇做法，利用二方连续或四方连续的图案造型，形成强烈的秩序感。界面经过围合和分割之后造成半通透的虚实相生的空间感受，随着人的行动路线和视角的变化，界面在视觉上产生重叠交叉时，空间就会变得更加朦胧而迷离，达到老子所说的恍惚之境。

中国艺术的意境理论是以意象为基础，意境是意象的升华，指的是心灵时空的存在与运动。如刘禹锡说“境生于象外”，严羽说“透彻玲珑，不可凑泊，如空中之象，言有尽而意无穷”。司空图对“意象”的精微阐述，则是古代审美意识中使审美对象由“象”转化为“境”的关键一环。他在《与极浦书》中指出：“戴容州云：‘诗家之景，如蓝田玉暖，良玉生烟，可望而不可置于眉睫之前也。’象外之象，景外之景，岂容易可谭哉？”意境正是艺术家追求的象外之象和景外之景。

意境属于鉴赏领域的审美范畴，它“是接受者在对艺术形象的体验中所浮现的心灵境界，它是作者的意中之境到接受者意中之境的转换”。[62] 明式家具之所以为世人所推崇，除了它巧妙的构思和具有美感的外形之外，便是它本身与人交流时传递出的意境之美，使人在欣赏和使用它时感受到精神的愉悦和升华。本书对于明式家具中的意境之美主要从以下三个方面来谈，即空灵之境、气韵之境和含蓄之境。

62 朱良志. 中国艺术的生命精神 [M]. 合肥：安徽教育出版社，1995：168.

下篇　意境篇

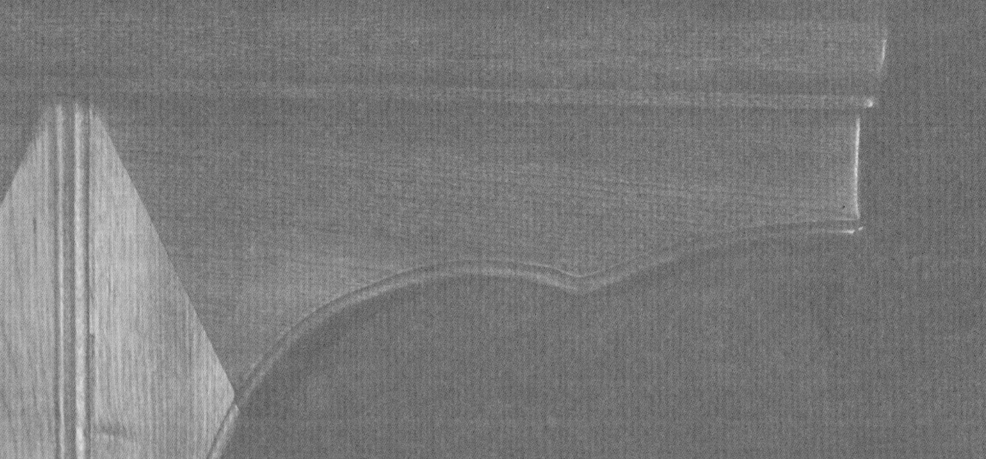

极简与禅

——明式家具中的空灵之境

空灵是东方艺术特有的意境，体现在中国艺术的各个门类中。宗白华先生阐释为“空明的觉心，容纳着万境，万境浸入人的生命，染上了人的性灵”。[63] 明式家具在满足其基本使用功能之外，映照着自然的生命，在静默中发出超凡入圣、淡泊悠远的光辉，焕发出独特的艺术精神。空灵之境在明式家具中体现在两个方面，即极简和禅意。这两个方面本来分别属于不同的哲学思想范畴，但是在明式家具的审美中却互为观照，融会贯通。

63 宗白华. 美学与意境 [M]. 北京：人民出版社，1987：228.

64 ［美］鲁道夫·阿恩海姆. 艺术与视知觉 [M]. 滕守尧，朱疆源，译. 成都：四川人民出版社，1998：66.

极简

“简”在审美语义中体现为两层含义：一是“简朴”之简，体现为朴素之美；二是“简约”之简，体现为极少之美。二者近似，但不完全一致。二者都有“简化”的含义，都不同于“简单”的概念。鲁道夫·阿恩海姆认为：“在艺术领域里，‘简化’往往具有某种对立于‘简单’的另一种意思，被看作是艺术品的一个极重要的特征。”他进一步解释说：“当某件艺术品被誉为具有简化性时，人们总是指这件作品把丰富的意义和多样化的形式组织在一个统一中。”[64] 明式家具一方面受到传统理念的影响，强调不加过分的装饰，体现出朴素的美感；另一方面却将贵重的材料、复杂的结构和丰富的内涵组织在一起，体现出极少的简约之美。(图 3-1/ 图 3-2)

中国传统儒家思想强调勤俭节约。如孔子在赞美颜回时说“一箪食、一瓢饮，在陋巷，人不堪其忧，回也不改其乐。贤哉回也！”基于这种崇尚简朴的生活理念，中国人在千百年来的生活中形成节俭的美德，同时在审美中形成朴素之美的取向，如庄子所言的“同乎无欲，是谓素朴”(《马蹄》)，“朴素而天下莫能与之

图 3-1
围板宝座

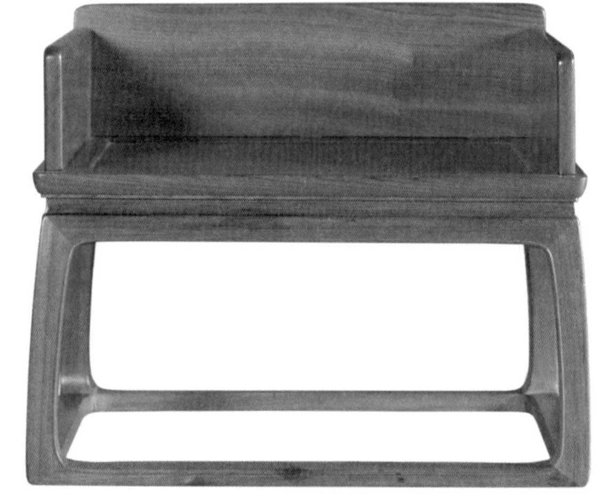

图 3-2
书画案

争美”(《天道》)。明代初期，朱元璋将这种节俭作风规范化和标准化，在全社会进行推广。据《明史》记载，因家乡干旱和蝗灾造成大饥荒，父母早亡，朱元璋孤无所依，曾入皇觉寺为僧，学佛的经历对朱元璋的影响无从考据，但是少年的生活环境造成他生活节俭、痛恨奢靡的观念却是证据确凿。明代的张瀚在《松窗梦语》中记载了朱元璋在统一中原的战争过程中的一段故事：“江西守臣陈友谅以镂金床进，上谓侍臣曰‘此与孟昶七宝溺器何异？以一床榻，工巧若此，其余可知。陈氏父子穷奢极欲，安得不亡！’即命毁之。”[65] 对于装饰华丽的家具，朱元璋会毫不犹豫地毁掉，可见他的意志坚决和对审美标准的维护。

65 陈洪谟，张瀚. 元明史料笔记丛刊：治世余闻　继世纪闻　松窗梦语 [M]. 北京：中华书局. 2007：78.

朱元璋建立明朝政权以后，更是提倡百姓在生活中遵循简朴之风，严禁奢侈腐化的行为，并列入法律，各个社会等级的人所用的建筑、器皿、服饰等的色彩和材料皆有明确的划分和区别，不得逾越，违者严惩。在以重刑为特征的《大诰》中，朱元璋提出：“民有不安分者，僭用居处、器皿、服色、首饰之类，以至祸生远近，有不可逃者。”并且详细说明：“诸至，一切臣民所用居处，器皿、服色、首饰之类，毋得僭分。敢有违者，本用银而用金，本用布绢而用绫锦纻丝纱罗，房舍栋梁不应彩色而彩色，不应重锦而重锦，民床勿敢有暖阁而雕镂者，违诰而为之，事发到宫，工技之人与物主，各各坐以重罪。”[66] 法律里面特意以床为例提到家具的制作只要满足基本功能即可，不可施加繁杂的结构和华丽的雕刻，否则连使用者带制作者都会处以重刑。在这种严格的法律制约下，国民从上至下都不敢逾越雷池，遵守法规中的生活标准，同时因为明初的经济尚不发达，整个社会呈现出循礼守分、尚朴崇俭的风气，在家具设计和制作上也体现出简约的审美取向。尽管到了明代中晚期，社会上开始出现奢华之风，较高文化层次的文人却不以为然，并对此风气痛心疾首，如明代张瀚所言：“今之世风，上下俱损矣。安得躬行节俭，严禁淫巧，祛奢靡之习，还朴茂之风，以抚循振肃于吴、越间，挽回叔季末业之趋，奚仅释余桑榆之忧也。”[67] 可见尚朴的审美思想在文人中依然占据着重要地位，这种审美意趣被传承下来，在明代的室内和家具设计风格中都有所体现，如同古斯塔夫·艾克先生所言：“明代室内布置的性质是既简洁又华贵……在那时，如同在家常生活的整个历史内，平面布局和其中家具摆设都遵守严格的规则。尽管中国人在文明安逸的生活艺术方面早已有了高度的发展，他们的日常生活背景却保持着古老朴实的外观。”[68] 明式家具的设计与制作保持着注重功能、减少装饰的趋势，如明代王士性在《广志绎》所言“姑苏人聪慧好古，亦善仿古法为之……又如斋头清玩，几案床榻，近皆以紫檀花梨为尚。尚古朴而不尚雕镂，即物有雕镂，亦皆商、周、秦、汉之式。”这些上古时期的图案本身就代表着当时“礼以节之”的简约。所以明式家具总体表现出美学家所常说的“逸格”之美，如宗白华先生所说的“绚烂之极，归于平淡”。

另外，明式家具材料的昂贵也是造成简约的直接原因。这些硬木材料大多进口、价格昂贵。从明代范濂的描述中就可看出：“纨

66 王天有，高寿仙．大诰续编·居处僭分第七十一[M]．台北：三民书局股份有限公司，2008：105.

67 陈洪谟，张瀚．元明史料笔记丛刊：治世余闻　继世纪闻　松窗梦语[M]．北京：中华书局，2007：80.

68 ［德］古斯塔夫·艾克．中国花梨家具图考[M]．薛吟，译．北京：地震出版社1991：35.

绔豪奢，又以椐木不足贵，凡榻橱几桌，皆用花梨、瘿木、乌木、相思木与黄杨木，及其贵巧，动费万钱，亦俗之一靡也。”虽然官宦和富商能够耗费大量的财力来购进名贵木材，但是受中国传统儒家思想提倡节俭的思想和尚古的审美意识影响，文人在设计家具和工匠在制作家具时都会惜木如金，以免暴殄天物，最终形成了明式家具多一份则长、减一分则短的简约之美，从中也体现出中国传统文化中的尚朴的生活理念和审美意识。事实上，家具毕竟是每家每户都应该享用的日常器物，其设计应该为大众服务，李渔就提出过平民化的设计理念。他说：“凡人制物，务使人人可备，家家可用，始为布帛菽粟之才，不则售冕旒而沽玉食，难乎其为购者矣。”他强调材料的价格并不能说明设计水平的高低，“有耳目，既有聪明；有心思，既有智巧”，用普通的材料照样能设计出功能完备、技巧超人的器物，反映出中国人的造物智慧。

禅意

禅宗是中国中土文化与印度禅学和佛教相结合，并融汇了老庄哲学思想而产生的。禅宗盛于唐，对于诗歌的创作有直接的影响，许多诗人引禅入诗，追求如司空图在论诗时提倡的“韵外之致”“味外之旨”等。宋代以来，禅宗文化高度发展和流行，产生了以禅境为目标的审美取向，出现大量追求禅意的诗和绘画，如倪云林所说“据于儒，依于老，逃于禅”。到了明代，很多文人雅士也以参禅自居，如明僧莲儒所著《画禅》，董其昌也精通禅宗教义并著有《画禅室随笔》等。如前文所述，宋元以后，文人画开始兴盛，多数文人画作品追求的正是空灵悠远和平淡天真的禅意，正如金丹元先生所说“禅意本质上就是中国士大夫的一种审美的文化心态”。[69]

禅宗的学习和修行称为参禅，它的主要活动是“悟”，实际上

69　金丹元. 禅意与化境[M]. 上海：上海文艺出版社，1993：24.

也是一种创造性的思维活动，以求达到理想的精神境界。根据季羡林先生的阐释，悟到的结果主要有两层含义，“低层次的是‘无我’，高层次的是‘空’”[70]。

庄子的精神是中国意境说的源头。庄子强调自由，强调物我两忘，并从忘我中达到“游心于物之初”（即体道）的目的，这些都直接促动了意境说的萌芽。无我的意义和庄子的心斋与坐忘一脉相承，其内涵在于舍弃一切外在的实体，达到人与宇宙精神的和谐一致。如禅宗故事中的偈曰：“菩提本无树，明镜亦非台，本来无一物，何处惹尘埃。”而悟的过程即个人修养提高的过程，在这个过程中，禅宗常常通过“棒喝”来达到“顿悟”，实际上是通过非逻辑的推理，摈弃循序渐进的程序，“强调打断意识，跳出知识，达到直观”[71]。明式家具在尊重结构和功能的基础上，舍弃了不必要的装饰。在伍嘉恩女士所著的《明式家具二十年经眼录》中，录有一款被西方设计界推崇的禅椅（图3-3）。我们可以看到，它舍弃了所有不必要的构件，通常座椅常见的靠背板、连帮棍都消失了，家具的造型也不采用曲线而多采用直线，既节省材料又节省人工，将明式家具的简洁空灵表达得淋漓尽致。这种萧疏散淡的意境符合文人所追求的宁静淡泊、超然旷达的心态。据《清仪阁杂咏》记载，明代书画家周天球在其坐具的倚板上题诗：“无事此静坐，一日如两日，若活七十年，便是百四十。”明代的尹真人高弟所撰的《性命圭旨》中将其纳入坐禅图中，并说“静坐少私寡欲，冥心养气存神”。禅宗思想所追求的超越时空、通达澄明的境界，在此借助一个坐具显现出来。

在两晋之前，古人一直保持着席地而坐的生活方式，高型家具的出现与佛教有关。随着佛教东渐，佛教文化被引入中国，佛教题材的石窟、壁画中的高型家具的形象进入内地，“这些佛与菩萨的坐式和所使用的高型坐具，让先人们看到了一幅完全新鲜的、不同于自己的生活画面。这些佛国的高型坐具，如一股强劲的东风，吹开了中国几千年起居方式的坚冰，冲击着中国施行了几千

70　任晓红．禅与中国园林［M］．北京：商务印书馆国际有限公司，1994：11．

71　董豫赣．极少主义［M］．北京：中国建筑工业出版社，2003：44．

图 3-3
禅椅

图 3-4
罗汉床

图 3-5
壁画中的须弥座

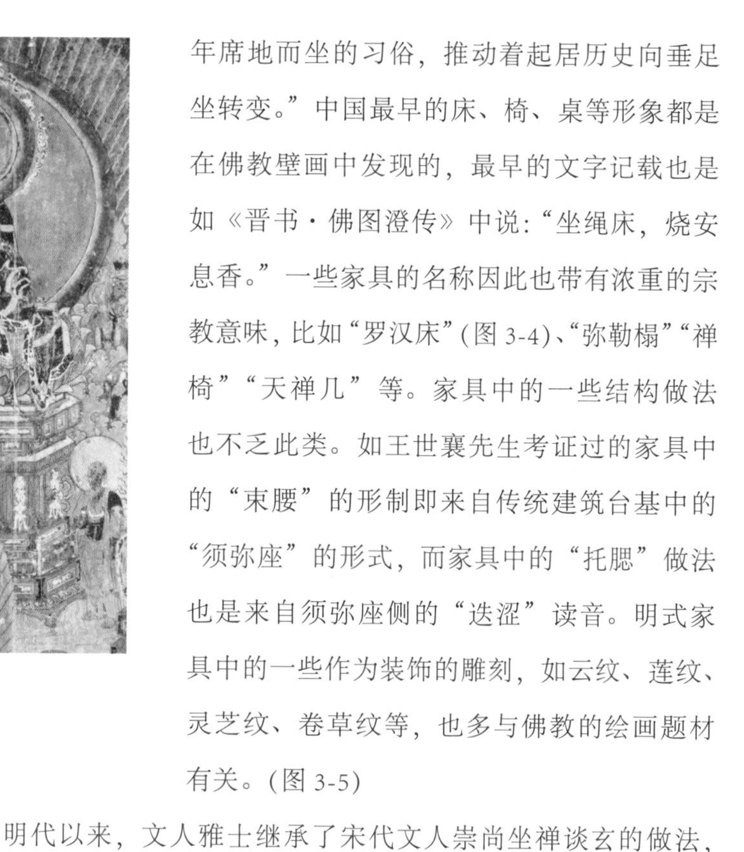

年席地而坐的习俗，推动着起居历史向垂足坐转变。”中国最早的床、椅、桌等形象都是在佛教壁画中发现的，最早的文字记载也是如《晋书·佛图澄传》中说：“坐绳床，烧安息香。”一些家具的名称因此也带有浓重的宗教意味，比如“罗汉床”(图 3-4)、“弥勒榻”“禅椅”“天禅几”等。家具中的一些结构做法也不乏此类。如王世襄先生考证过的家具中的“束腰”的形制即来自传统建筑台基中的“须弥座”的形式，而家具中的“托腮”做法也是来自须弥座侧的“迭涩”读音。明式家具中的一些作为装饰的雕刻，如云纹、莲纹、灵芝纹、卷草纹等，也多与佛教的绘画题材有关。(图 3-5)

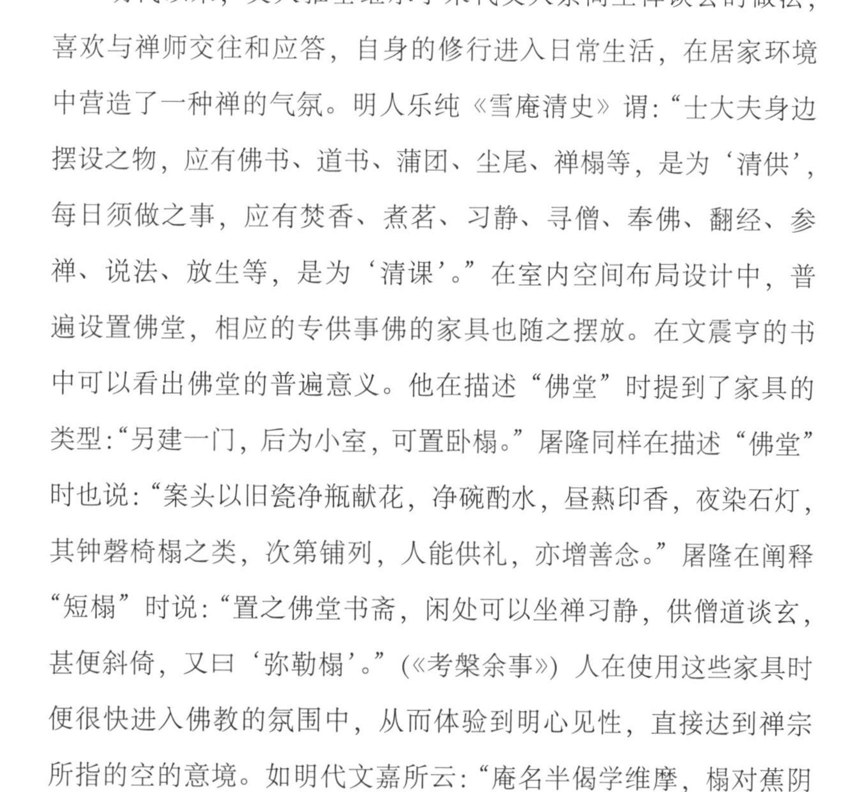

明代以来，文人雅士继承了宋代文人崇尚坐禅谈玄的做法，喜欢与禅师交往和应答，自身的修行进入日常生活，在居家环境中营造了一种禅的气氛。明人乐纯《雪庵清史》谓：“士大夫身边摆设之物，应有佛书、道书、蒲团、尘尾、禅榻等，是为‘清供’，每日须做之事，应有焚香、煮茗、习静、寻僧、奉佛、翻经、参禅、说法、放生等，是为‘清课’。”在室内空间布局设计中，普遍设置佛堂，相应的专供事佛的家具也随之摆放。在文震亨的书中可以看出佛堂的普遍意义。他在描述“佛堂”时提到了家具的类型：“另建一门，后为小室，可置卧榻。”屠隆同样在描述“佛堂”时也说：“案头以旧瓷净瓶献花，净碗酌水，昼爇印香，夜染石灯，其钟磬椅榻之类，次第铺列，人能供礼，亦增善念。”屠隆在阐释“短榻”时说：“置之佛堂书斋，闲处可以坐禅习静，供僧道谈玄，甚便斜倚，又曰‘弥勒榻’。”(《考槃余事》)人在使用这些家具时便很快进入佛教的氛围中，从而体验到明心见性，直接达到禅宗所指的空的意境。如明代文嘉所云：“庵名半偈学维摩，榻对蕉阴

胜薜萝。一榻坐空三界观，片言消尽六根尘。”

参禅用的家具除了采用木材为主材之外，还大量使用藤、竹、麻等天然材料。如屠隆论禅椅时说：“尝见吴破瓢所制，采天台藤为之，靠背用大理石，坐身则百衲者，精巧莹滑无比。”（《考槃余事》）曹昭也特意说禅椅的尺度和材料与一般不同，“禅椅较之长椅，高大过半，惟水磨者为佳，斑竹亦可。其制惟背上枕首横木阔厚，始有受用。”（《遵生八笺》）这些参禅用的家具，材质用藤、竹、棕、麻之类天然成材，不加修饰，使人在使用时便可感受到心灵的自由和恬淡，通向禅的空灵境界，获得精神上的解放。当然参禅用的家具并非参禅专用，同样也可以作为日常坐具，如文震亨所言“湘竹榻及禅椅皆可坐”。这些家具融入普通生活也影响了日常家具的形制和材料，如椅、凳、床、榻大量使用的藤屉、橱柜中常用的竹材或木家具仿竹材的做法，使日常家具显现出禅的意味。

“空”的含义和前文所述的“空间”概念不同，空间是意象的范畴，而空表达的是一种由意象带来的心灵境界，属于意境范畴。二者的关系是“空”并不完全是“空间”所致，但是“空间”却可带来“空”的意境。如前文所述，家具中的虚空设计也是明式家具的重要特征。由于明式家具的构成是以线为主，在整体设计上是“计白当黑”，留下大面积或体积的虚空部分（图 3-6）。除了以贮藏为主要功能的庋具之外，家具几乎看不到封闭的实体，并且从面积上来说，虚空部分在比例上要远远大于实体的构件。正如宗白华先生在描述中国画的空白时说“中国画上画家用心所在，正在无笔墨处，无笔墨处却是飘渺天倪，化工的境界”，“空寂中生气流行，鸢飞鱼跃，是中国人艺术心灵与宇宙意象‘两境相入’互摄互映的华严境界”。佛学传入中国之所以会演变为禅学，是因为中国原已存在着与禅学十分接近的哲学学说，即老庄的道家哲学。《道德经》四十一章提出：“大音希声、大象无形。”《淮南子·原道训》在阐发这一思想时说道：“夫无形者，物之大祖也；无音者，

图 3-6
椅子的立面构成

声之大宗也。……无形而有形生焉，无声而五音鸣焉，无味而五味形焉，无色而五色成焉，是故有生于无，实出于虚。”这与大乘佛教思想是一致的，如《心经》中所说“色即是空，空即是色，色不异空，空不异色”，正是明式家具的这种虚空意象，才能让人在身处明式家具所包围的环境时感受到超以象外，得以环中的空灵意境。

生动传神

——明式家具中的气韵之境

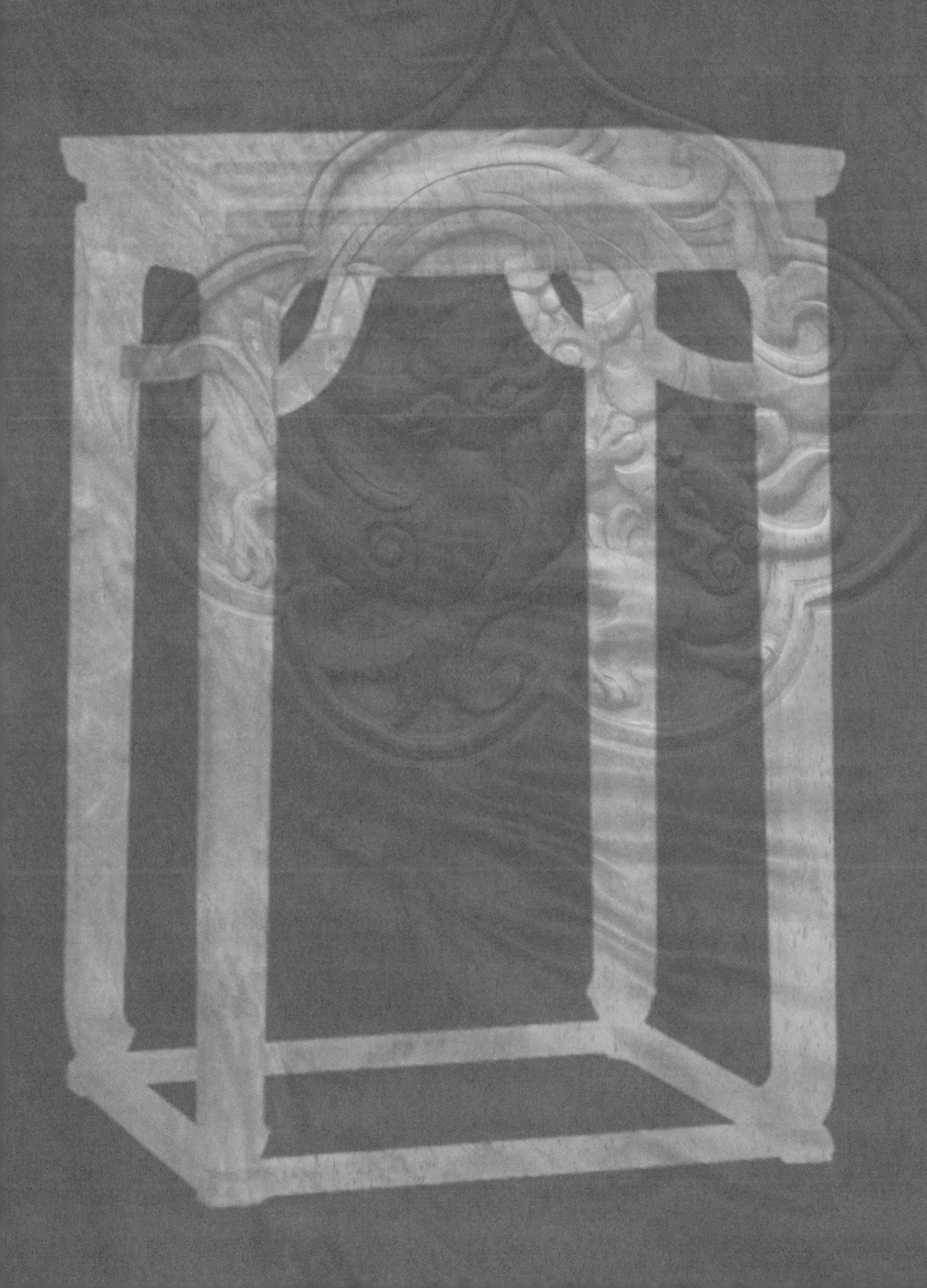

邓以蛰先生认为:“固非自然之属性而属之心……眼所见者为形而生动与神出焉，心所会者唯生动与神，生动与神合而生意境”。(《画理探微》) 这种生动传神即是艺术品中的气韵所在。文徵明曾在题识上运用沈周的教诲:“画法以意匠经营为主，然必气运生动为妙。意匠易及，而气运别有三昧，非可言传!”此处的“气运”当通“气韵”，其中之意是说意匠较为容易获取，而气韵的意境不可言说。中国历史上的画论很多，影响最大的首推南齐谢赫的“六法论”，即气韵生动、骨法用笔、应物象形、随类赋彩、经营位置、传移模写。结合文徵明的认识，此六法中的经营位置和传移模写是创作的构思和方法，当属意匠范畴；骨法用笔、应物象形和随类赋彩讲的是画面的线条、形态和色彩，属于意象范畴；而气韵生动则属于画面所表达的精神，属于意境范畴，为中国艺术所追求的最高的审美层次。

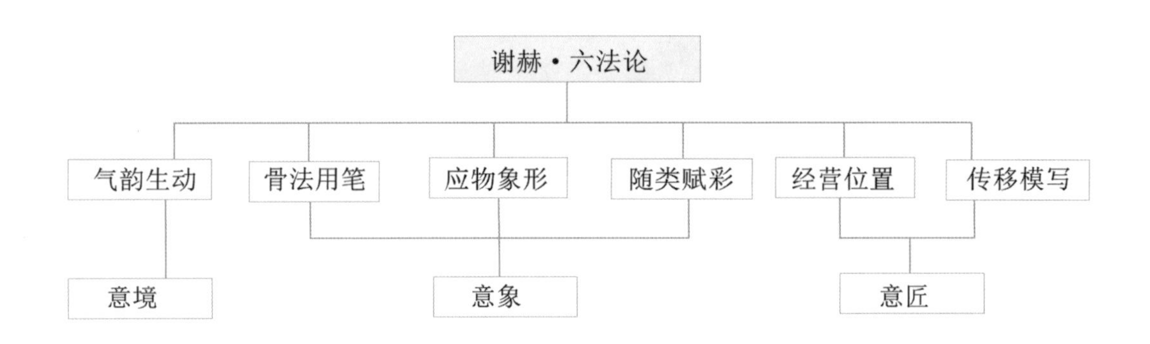

气韵不仅是中国传统艺术家在创作时追求的目标，同时也应该是欣赏者所需体味的核心内容。北宋的苏轼早就提出了“论画以形似，见与儿童邻”。明代的汪柯玉提到了“看画”与“看见画”的区别，认为“看画本士大夫适兴寄意而已”，而看画的最重要的技巧是超越形似、体会气韵。如他说:“俗人论画不知笔法气韵之神妙，但先指形似者。形似者俗子只见也。”[72] 明式家具经历几百年不衰，为世人所推崇，正是因为我们在使用和欣赏它们时超过外形感受到的气韵生动的意境。以下从三个方面分别来谈。

72 汪柯玉. 汪氏珊瑚网画继 [M]// 柯律格. 明代的图像与视觉性. 黄晓鹃，译. 北京：北京大学出版社，2012：142.

线条的气韵

线条是生成气韵的基本条件，如宋代郭若虚所形容的“吴带当风，曹衣出水”。中国的书法和绘画艺术的表现力都是依附于线条之上的。中国艺术中的气韵不同于西方的韵律，后者停留在线条本身的形态，而前者却是超越了线条，追求精神的自由，如荆浩称王维作品为“笔墨宛丽，气韵清高”。前文所述，明式家具的基本构成单位中，线占据了很重要的位置。以官帽椅为例，各个构件融合了多种线条的构成形态，直线、弧线、S 形曲线、斜线等，这些线条都具有跃动的节奏和生命力，呈现出中国书法的笔墨意象，或挺拔秀丽，或一波三折，显示出生动的气韵。(图 3-7)

图 3-7
明式衣架局部

明式家具的重要特征之一是内角的处理。由于明式家具的基本结构为框架结构，类似于建筑中的梁柱体系，所以基本的结构构件之间都是水平线和垂直线相交接形成的近似直角的形式，显得生硬而呆板。为了弥补这种结构在视觉审美上的不足，明式家具主体结构的内角交接处都用外轮廓为曲线形的构件来过渡，如壶门形的券口、S形的牙板、霸王枨、罗锅枨等，这样既加固了结构，又增添了家具的气韵，使家具变得充满生命力（图3-8）。这些连接构件往往采用交圈的形式，如条案的牙板的边界在四面连接起来就是一条封闭的线条，直线和曲线相互交接，线条上下游动和平移交错结合，显示出动态的变化。家具在界面的边界处“起线”，即围合为封闭的曲线，同样显示出在三维方向上的连贯性，从任何方向看家具，它的气韵都不会停顿。

图3-8
椅子腿足与坐面之间的内角处理

徐复观先生曾进一步将“气”和“韵”分开来阐述，他认为“气”指的是“表现在作品中的阳刚之美”，而“韵”指的是“表现在作品中的阴柔之美”[73]。明式家具的线条千姿百态，各种线型给人的感受不同。我们在明式家具中的罗汉床的内翻马蹄、条案的腿足、方角柜的轮廓、霸王枨的结构上都可以体验到具有骨气和气势的阳刚之美；而在太师椅的椅圈、连帮棍、官帽椅的搭脑和扶手、壸门的轮廓、裹腿做的转折中体会到的都是具有清韵或柔韵的阴柔之美。明式家具中的线条刚中带柔，柔中有刚，在相互交织中传达出气韵之境。

73 徐复观. 中国艺术精神[M]. 北京：商务印书馆，2010：172.

造型、结构和工艺中的气韵

五代的荆浩在《笔法记》里认为“画有六要”，即气、韵、思、景、笔、墨。“气者，心随笔运，取象不惑；韵者，隐迹立形，备遗不俗；思者，删拨大要，凝想形物；景者，制度时因，搜妙创真；笔者，虽依法则，运转变通，不质不形，如飞如动；墨者，高低晕淡，品物浅深，文采自然，似非因笔。”这和谢赫的“六法论”一脉相承，同时也是意境（气、韵）、意匠（思、景）和意象（笔、墨）的结合。

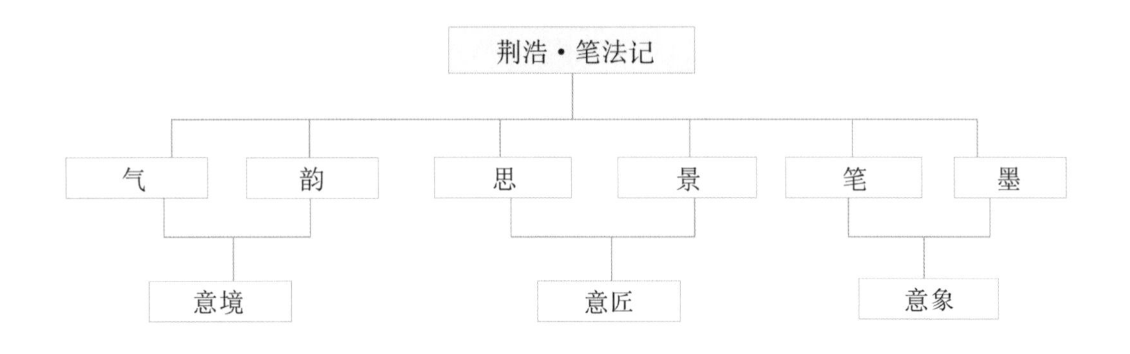

荆浩认为，气是“心随笔运、取象不惑”，在绘画中体现为作者的意识和用笔自然结合，使生命在作品中自然流露，从而诞

图 3-9
托泥和腿足底部的连接结构

生出流畅自然的作品。而在明式家具中体现为形态和结构做法合理的结合。因为明式家具作为日常家居器物，它的美首先要表现为实用之美。它的基本造型从整体到局部都是为人服务的。如椅子中适合人身体的 S 形靠背板、官帽椅的弧形搭脑和 S 形的扶手、太师椅中连接后背和扶手的椅圈、承托脚部的脚踏等造型，因为其细部造型设计和人体曲线的完美结合而让人感觉没有丝毫违和感，也看不到矫饰的成分，这种以人为本的细部设计令家具充满生命之气。

明式家具中所有的构件之间巧妙连接，共同形成统一的整体感，并构成典型的形态，没有做作和牵强。古斯塔夫·艾克先生曾经说“中国日用家具装饰严谨、不带虚假”，[74] 并说家具的艺术魅力之一为“纯真”。杨耀先生在阐释明式家具的“雅的韵味”时则说“外形轮廓的舒畅与忠实，各部线条的雄劲而流利”。[75] 艾克先生所说的“不带虚假”“纯真”和杨耀先生所说的“忠实”均可理解为家具自身形态与结构的完美结合，结构为形态服务，形态是结构的自然表现。

明式家具的内部连接指的是各种造型的榫卯结构，如连接搭脑和腿足的烟袋锅结构，床榻中可以使围板拆下来的走马销，条

74 古斯塔夫·艾克．中国花梨家具图考 [M]．薛吟，译．北京：地震出版社，1991：13.

75 杨耀．明式家具研究 [M]．北京：中国建筑工业出版社，2002：25.

案上的插肩榫或抱肩榫等，这些榫卯结构都是为了满足造型和拆装的需要而设计出来的，这也就不难理解为什么外行人看这些榫卯好像不可思议，而工匠却认为本来就应该这么做，无须大惊小怪。构件外部的连接，如椅子中支撑扶手的连帮棍、承托椅面的外圆内方的腿足、桌案中连接上部和腿足的霸王枨、固定腿足的裹腿、方香几底部的托泥等，都是为了让这些局部构件之间能互相牵制或依托，以维护整体造型的结构稳固。这种从局部到整体、构件之间过渡自然，结构力学上巧为因借的做法也形成家具的圆融之气。(图 3-9)

荆浩论“韵”时所说的“隐迹立形”实际具有含蓄之意，后文会有详细论述；而“备遗不俗”，“备是取，遗是舍。取舍皆得其神，故不俗”。[76] 如中国绘画在经营位置时所说的“密不透风、疏可走马”“计白当黑”等皆是此意。明式家具中的取舍存在于各个方面：为了在边界处保留起线的效果刮去了表面大面积的材料；为了将铜活的页面和家具表面持平，采用卧槽平镶做法而将家具表面挖出凹槽；为了保持腿足下部马蹄的造型采用挖缺做法。在制作过程中，这些做法对于昂贵的硬木材料来说，都是一个取舍的过程。明式家具舍弃了多余的材料而完善了形制，舍弃了烦琐的装饰而获得了平淡天真的美感，舍弃了多余的界面而获得空灵的意境，最终达到了“得其神”的目的，也就有了取舍之韵。(图 3-10)

76 徐复观. 中国艺术精神 [M]. 北京：商务印书馆，2012：272.

图 3-10
条箱

我们从明式家具的造型、结构和工艺中皆可体会到荆浩所谓的“气”与“韵”。气韵不仅可以用于绘画和书法，也体现于明式家具中。

材料中的气韵

气韵之境在明式家具的材料中也能体现出来。如前文《意象篇》中所述，在明代文人的影响下，明式家具所取材料是山水画的映照，但黄花梨等木材和大理石等石材备受推崇，并不仅仅因为其形态接近山水纹理，更因其气韵所致。唐宋以来的山水画成为传递神韵的载体，如荆浩所谓“山水之象，气势相生”(《笔法记》)，明代董其昌说“随手写出，皆为山水传神”(《画旨》)。在明式家具的主要界面上，如椅子的靠背板、桌案的面板或橱柜的门板上，都会采用具有山水纹理的木板或大理石板，尤其是俗称为独板的大片木板上，因为其纹理没有被分切破坏，整体显示出大气磅礴、气势贯通的神韵，所以历来最受青睐。(图 3-11/ 图 3-12)

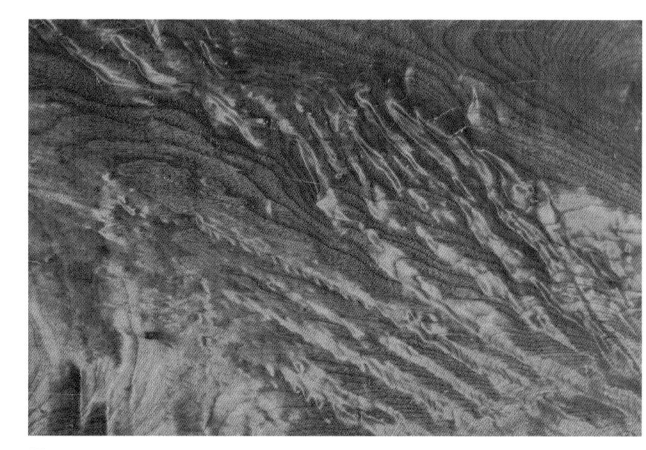

图 3-11
楠木纹理的气韵

图 3-12
大理石纹理的气韵

前文也曾提到，在家具的界面中，还有一种俗称为“鬼脸”的瘿木材料，常被用在桌面中或椅子的靠背板中，起到突出主题或画龙点睛的作用。事实上，气韵在宋代之前最早是被用在评论人禽鬼神之类的作品中，如唐代张彦远在《历代名画记》中所言:“至于鬼神人物，有生动之可状，须神韵而后全。”瘿木的形象打破了正常的木纹走向，呈现出自由多变、无所束缚

的态势，而正是其中的抽象造型所具有的生动神韵才获得了文人雅士的厚爱。(图 3-13)

如徐复观先生所言:“庄学的清、虚、玄、远，实系‘韵’的性格，‘韵’的内容。”[77]这种韵的性格和内容从明式家具的金属配件中就可体现出来。采用铜与镍和锌的合金做成的白铜，和温暖淳厚的硬木木材相比，这些金属件表面清冷俊朗，具有阴柔之美，显现出“清风朗月，辄思玄度”的清虚玄远的韵味；铜活拉手和页面之间偶然碰撞发出的清脆悦耳之声，也能将人带入幽静深远的意境中。

77 徐复观. 中国艺术精神[M]. 北京：商务印书馆，2010：175.

明式家具中的气韵之境代表了中国传统美学中生动传神的境界，映照出中国的艺术精神，从而使家具跳出了实用器物纯粹的功能性特征，如同中国书法一样摆脱了文字的基本识别和书写功能的束缚，完成了从“形而下者谓之器”走向了“形而上者谓之道”的过渡和升华，成为时代文化的代表。

图 3-13
椅子靠背板中的瘿木

伏采潜发

——明式家具中的含蓄之境

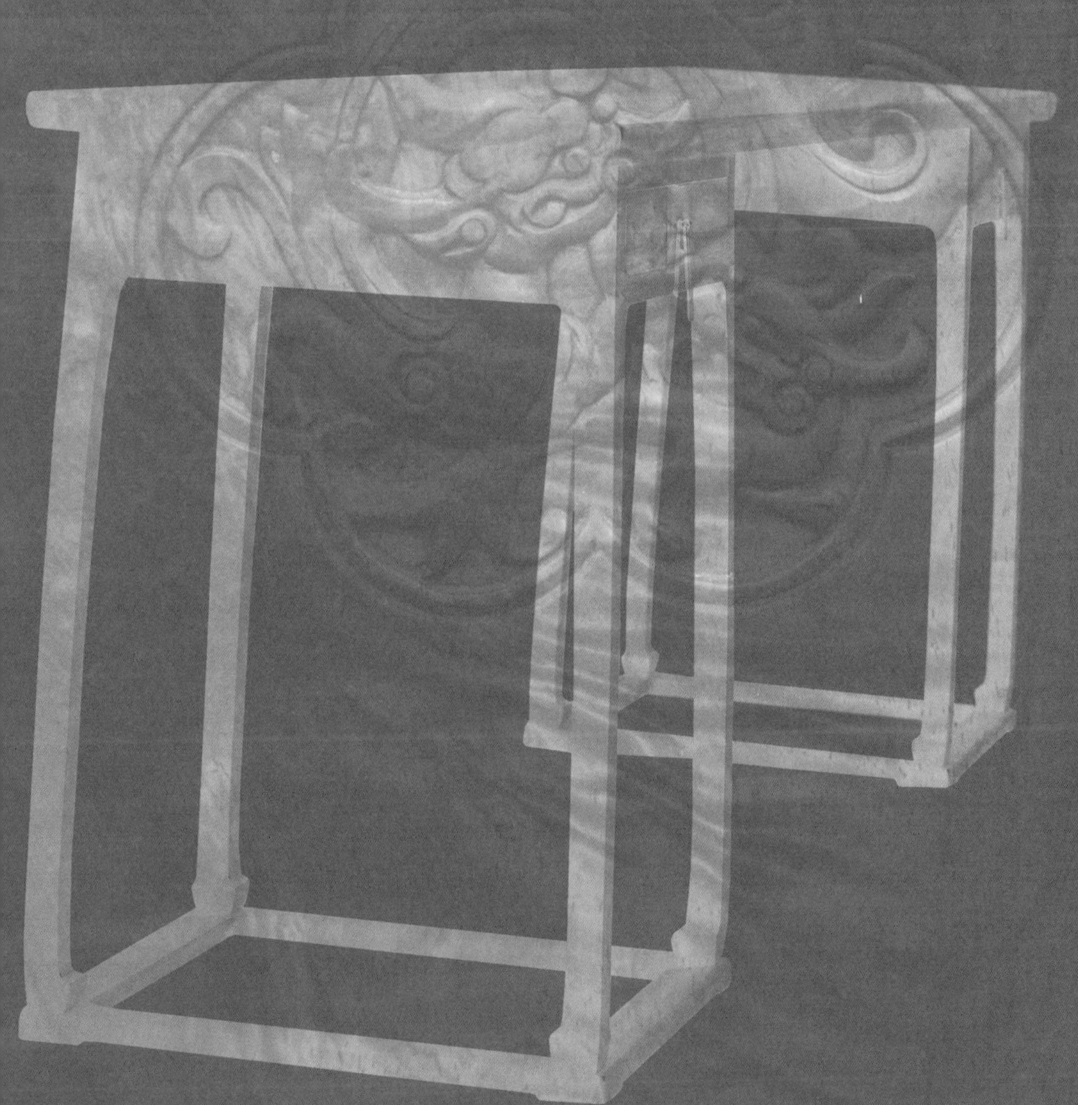

含蓄是中国艺术审美的表现，代表了中国的传统哲学思想。老子说“道可道，非常道，名可名，非常名”，欲言又止、令人回味；庄了说“天地有大美而不言”，更是沉默是金、藏而不露。南北朝时期刘勰在《文心雕龙》中设立了《隐秀》篇，他说：“隐也者，文外之重旨者也；……隐以复意为工，……夫隐之为体，义生文外，秘响旁通，伏采潜发，譬爻象之变互体，川渎之韫珠玉也。”他又说：“深文隐蔚，余味曲包。”他在文中所说的“隐”，指的就是“含蓄”之意。

荆浩谈韵时首先提倡“隐迹立形”，“隐迹，是无人为之迹。立形，是显对象之形。”[78] 这不仅是对中国绘画的笔墨要求，也是书法追求的境界，如王羲之说的“存筋藏锋，灭迹隐端”（《书论》）和“藏骨抱筋，含文包质”（《用笔赋》）。文学中的审美也是如此。明人胡应麟在《诗薮》中说：“盛唐绝句，兴象玲珑，句意深婉，无工可见，无迹可求。”他认为唐诗的意境之美正是在文字上不事雕琢，情感上自然流露所致。如前文所述，明式家具的部件首尾和转角处都做了具有弹性的弧形处理，起线和雕刻的边缘也做倒

78　徐复观．中国艺术精神[M]．北京：商务印书馆，2010：272．

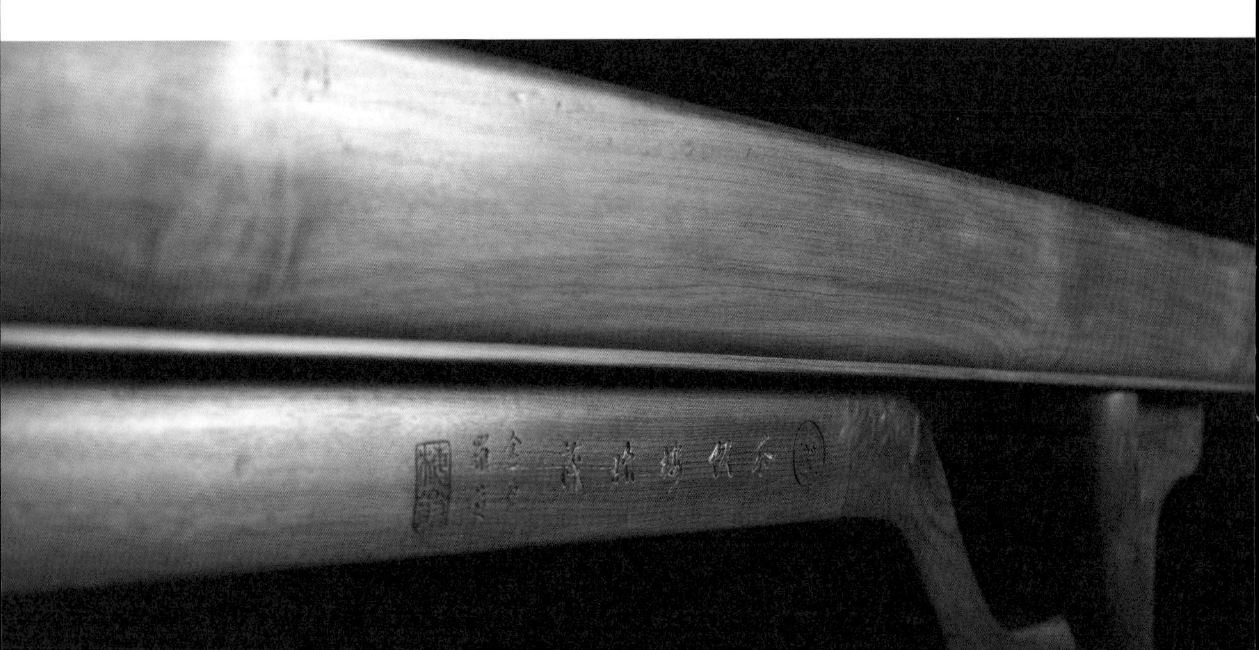

图 3-14
抛光后的家具表面

79 文震亨. 长物志 [M]. 重庆: 重庆出版集团 / 重庆出版社, 2008: 221.

80 杨耀. 明式家具研究 [M]. 第 2 版. 北京: 中国建筑工业出版社, 2004: 46.

角处理，不仅如此，家具中所有的部位都经过精心的打磨，看不到斧凿所留下的任何痕迹，追求一种无工可见、无迹可求的意境。如文震亨在描述禅椅的形态时说："更须莹滑如玉，不露斧斤者为佳。"[79] 家具最后工序是在表面再抛光打蜡，更令家具在视觉上珠圆玉润，触觉上柔和敦厚，形成一种仿佛脱离人工而天然生成的形态，达到虽由人作、宛自天开的拔俗之境。(图 3-14)

正式将"含蓄"作为评价艺术创作的依据出现在唐代司空图的《二十四诗品》，他把"含蓄"列为诗之一品，云："不著一字，尽得风流。语不涉己，若不堪忧。是有真宰，与之沉浮。如渌满酒，花时反秋。悠悠空尘，忽忽海沤。浅深聚散，万取一收。"

中国艺术的含蓄的意境表现在各个方面：中国书法藏头护尾，不露锋芒；中国绘画烟云掩映，借物言志；中国园林曲径通幽，步移景异。个中情趣耐人寻味。对于家具中的含蓄之境，前人多有提及。杨耀先生曾说："明式家具的艺术风格是优美的，是含蓄的，恰恰能够反映我国人民的民族意识。"[80] 相比西方人，中国人的性格是情感内敛、不事张扬，语言表达方式也常常是委婉含蓄、不直白。明式家具的艺术特征反映出中国人的这些性格特点。总体来说，其含蓄之境从结构、空间、装饰三个方面体现出来。

结构的含蓄

同极少主义建筑一样，在纯净的建筑界面背后把电气、水暖等设备系统巧妙地隐藏起来，如在安藤忠雄的清水混凝土建筑里，在没有室内吊顶的前提下，看不到任何的设备管线和末端，显示出"无"和"空"的禅意。而仔细观察后就会看出端倪，他把电气的管线从天花移到了地板下面，空调的风口藏在了台阶侧面，诸如此类的设计显示出设计师的巧妙。而在明式家具当中，我们只看到表面的光洁，看不出各个部件是如何衔接在一起的，直到拆开分解之后，才发现内部榫卯结构的复杂性和多元性。这些结构不仅胶合严密，还能拆分自如，显示出中国传统中"隐"的造物智慧。如太师椅的椅圈，看似流畅的曲线实际是由 3 根或 5 根的木料用楔钉榫连接而成；条案中的腿足、牙板和案面的关系干净利落，实际是用插肩榫或夹头榫来连接；罗汉床的围板和翘头案的翘头都是利用走马销来达到自由拆装的目的……诸如此类，不胜枚举。明式家具的造物者们将这些结构隐藏得天衣无缝，呈现出司空图所言的“浅深聚散，万取一收”的含蓄意境。(如图 3-15)

结构也不仅仅是指榫卯，还有其他的一些金属构件。如前文所述，明式家具中常配有一些俗称为“铜活”的金属构件，起到连接、保护或安全的作用。但是这些构件如果用得不好，便会在审美中起到负面作用。李渔在《闲情偶寄》中认为硬木家具上的金属构件属于不和谐的因素，尤其是加锁的做法，破坏了家具的整洁，影响了家具的美观。如他所述，“予游东粤，见市廛所列之器，半属花梨、紫檀，制法之佳，可谓穷工极巧；止怪其镶铜裹锡，清浊不伦。无论四面包镶，锋棱埋没，即于加锁置键之地，务设铜枢，虽云制法不同，究竟多此一物。”[81] 基于这种反对累赘而强调隐藏的意识，他也谈到了他自己设计的两个箱子。一个是用暗设机关改造的“七星箱”，用暗闩来控制其开合，在箱后加以寸金小锁。这样保证了家具外观的纯粹和干净，“有如浑金粹玉，全体

81 李渔. 闲情偶寄 [M]. 北京：华夏出版社，2006：237.

图 3-15
插肩榫结构翘头案

图 3-16
提盒

昭然，不为一物所掩”。另外一箱子用铜条固定住重复设置的抽屉，以免抽屉拉动时互相影响。明式提盒的设计也是基于同样的原理。提盒是文人雅士外出雅集或游玩所常备的器具，用来盛装酒食。为了维护盒子层层的稳定感，在盒子顶层设置铜制长条一根，穿过提手和最上面一层的食盒，还可以上锁。铜条的尺度和位置都隐藏巧妙，不宜察觉，丝毫不影响提盒整体的造型。从这些家具中可以体会到把结构件隐藏后的含蓄意境。(图 3-16)

空间的含蓄

藏与露是相对的概念，严羽在《沧浪诗话》中提出：“语忌直，意忌浅，脉忌露，味忌短。”沈伯时《乐府指迷》里说“露则直突而无深长之味”。如前文所述，明式家具中具有使用功能的一些空间常常不是露在最外面，而是有外面界面的阻隔，如同园林里面障景的作用一样，打开外面一层或几层后才能面对真正要使用的空间。

明式家具中的庋具主要承担贮藏的功能，而“贮藏”的“藏”也有隐藏的含义。在日常生活中总有比较重要的东西不能轻易示人。于是明式家具的造物者便会设计出从外表直接看不到的空间，

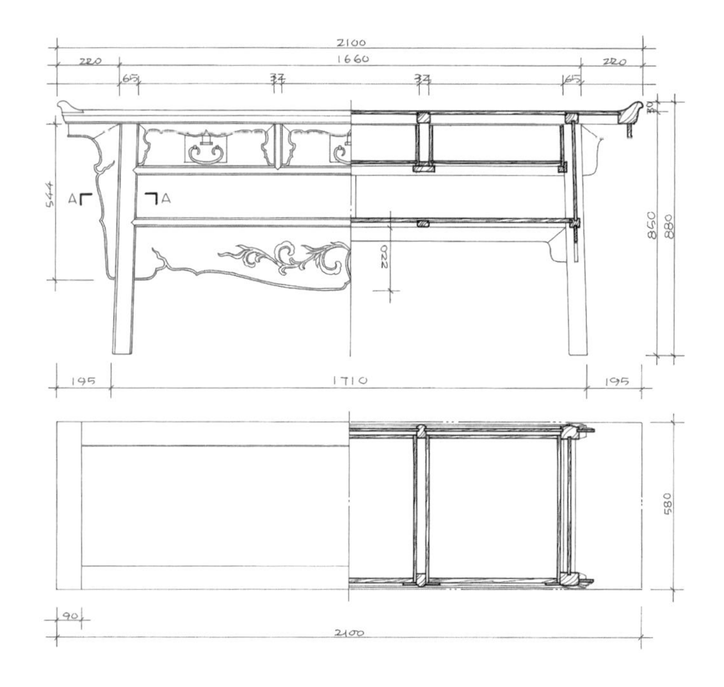

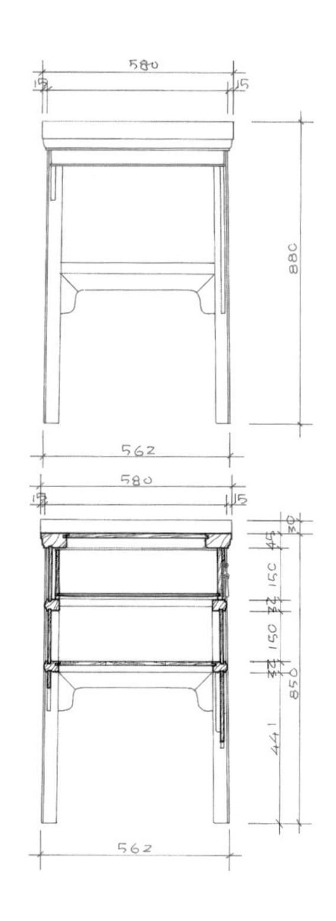

图 3-17
二屉闷户橱三视图

闷户橱就是典型的例子。在抽屉之下设置闷仓，表面没有拉环，看似没有功能，只有在将抽屉全部拉出之后，会显现出下面的贮藏空间，里面放置不常用或比较贵重的东西，比如文人收藏的字画等（图 3-17）。在衣柜、方角柜、圆角柜等柜类家具中，也会藏有抽屉等贮藏空间。

在一些较小型的家具中，如药箱、官皮箱、镜台等，贮藏的空间也是隐藏在门板之后的抽屉中，从外观看保持了整洁统一的形象。当然外面的界面能够上锁，起到了安全的作用，但在美学上达到了含蓄之境。

功能和美观是一对矛盾，但不是不可协调的。明式家具的造物者在做选择时会两者兼顾，提出既不影响美观又不影响实用的方案。王世襄先生在《明式家具珍赏》中曾录有一款条桌(图 3-18)，桌中有三个抽屉，已达到贮藏东西的功能，但是为了保持桌子侧面的纯净简洁，采用了暗抽屉的做法，即不在抽屉面上安装页面和拉环，人手从桌底的抽屉底部用力即可打开。这样既维护了桌面的平整和光洁，又可以在桌面下放置东西，达到既实用又美观的效果。

装饰的含蓄

宋人吕本中在《童蒙诗训》中说:“读《古诗十九首》及曹子建诗，如‘明月入我牖，流光正徘徊’之类，诗皆思深远而有余意，言有尽而意无穷也。”宋姜夔《白石诗说》则曰:“语贵含蓄。东坡云:‘言有尽而意无穷者，天下之至言也。’山谷尤谨于此。清庙之瑟，一唱三叹，远矣哉！后之学诗者，可不务乎！若句中无余字，篇中无长语，非善之善者也:句中有余味，篇中有余意，善之善者也。”[82] 这种“言有尽而意无穷”的表现手法正是中国文学和艺术创作的基本特点，如古人绘画时用山中挑水的和尚表现“深山藏古寺”之意。

82 苏恒. 含蓄与意境 [J]. 四川师范大学学报,1986(2).

装饰图案是中国传统造物中的重要元素，在明式家具中多体现为雕刻。这些雕刻内容多为传说和现实中的动植物或自然气象，如螭龙纹、凤纹、云纹、灵芝纹等（图 3-19）。如前文所述，在尚

图 3-18
条桌

图 3-19
椅子靠背板中的图案

古的思想影响下，明式家具的装饰既要突出内容又不能过分烦琐，所以这些形象经过高度的提炼和抽象，笔墨不多但令人回味无穷。古斯塔夫·艾克先生在评价书中的琴桌和条案时说："(它们) 揭示了中国工匠的含蓄。他使自己的个人审美观适应于一种传统概念，既避犷简朴带来的乏味，也防止堕入过分雕琢的危险。"[83]

83 [德]古斯塔夫·艾克.中国花梨家具图考[M].薛吟，译.北京：地震出版社，1991：20.

图 3-20
面盆架顶端的圆雕

明式家具中有些雕刻是和结构边界结合在一起的，比如前文所提的家具券口、壶门处中央上方的卷草纹，条案牙头上的云纹、凤纹等，脸盆架的搭脑两端和支架顶端的圆雕等（图 3-20）。这些图案和结构边界衔接得自然而生动，无论从视觉上还是工艺上，都显得合情合理，不是为了纯粹装饰而装饰，没有画蛇添足的感觉。（图 3-21）

另外一些装饰性的图案本身就是结构件，如起支撑作用的卡子花常被雕刻成灵芝形或团螭形，围合空间用的架子床围子由丰富的图案攒斗而成。有的家具的靠背板也以透雕图案的形式构成，既有承托作用又起到视觉通透的作用。

这些装饰图案在发挥丰富视觉作用之余，通常还具有一定的隐喻和象征作用，表达吉祥、辟邪、福寿、富贵等寓意。这是中国传统文化中常见的表达方式，在满足家具的使用功能的同时让使用者得到精神上的寄托，表现出“言有尽而意无穷”的含蓄境界。

图 3-21
装饰性的牙板

后记

对于明式家具的研究，近年来已经成了一种新的文化现象学。明式家具是中国传统造物的典范，是中国古人在农耕文明时期依赖自然规律和手工生产的产物。而传统手工艺和现代“设计”之间的暧昧关系，从工业文明横空出世之始，两者便充满着爱恨交织的意味，并一直困扰着行进中的设计师们，我们从西方现代设计的发展史便可窥一斑。“‘手工艺引动’企图返回传统而自然的手工造作，虔敬而优雅；工业同盟尽力地帮助人们讨好‘机器’这位大雇主，轰隆隆地美不自胜。”[84]而包豪斯在成立之初的宣言中也信誓旦旦地说：“让我们在手艺人和艺术家们中创设一个新的、没有阶级歧视和傲慢壁垒的手工艺人行会！”可是包豪斯的各位翘楚及其弟子们最终还是改弦易辙，融进工业化大生产的滚滚洪流中。

我国的设计教育先驱雷圭元先生早就说过：“从手工艺生产走向机器生产，这是人类历史上不可避免的顽强事实……手工艺与机器工艺，在图案家的眼光中，是一件事情的两面，不分轩轾，无有厚薄，仅仅有一个里外之别，工作上分个先后而已。我们习图案者，切不可把自己放在手工艺品的立场来菲薄机器工艺，也不可站到机器工艺的立场，小看手工艺。”[85]雷圭元先生所说的“图案”指的就是现在的“设计”概念。内含在手工艺和机器工艺二者之间的枢纽便是对于“物”的追寻，设计的目标是“物”的产生，我们对于设计的认识也只有回归到“造物”的原初才能有理性的价值判断。除却生产方式的不同，二者的造物之道应该是殊途同归。

如今我们的生产方式和生活方式都发生了巨大的变化，已经跨越农耕文明和工业文明，向信息文明迈进。当我们追随西方的“设计”思维进行创造性工作而陷入种种困境，面临着交通阻塞、环境污染、资源耗尽、文脉丧失等问题的时候，发现西方又开始提倡“以人为本”“可持续设计”“绿色设计”等设计观念，这些观念不正和我们传统造物观念有着内在的契合吗？可是我们对于自己的造物之道又真正了解多少呢？当我试图打开明式家具的造物观的研究窗口时，发现展现在我面前的是中国传统文化与艺术的宏大画卷。

事实上，明式家具一开始就作为中国传统文化的符号出现在外籍学者艾克先生的视野中，并被他敏锐地发现了其高度的艺术性，所以要研究它也只有回归到传统艺术的大背景中，才能追寻其中的真正价值。明式家具作为中国古典家具艺术的优秀代表，能为当今的家具和环境设计提供什么有效信息和可供借鉴的思路，这个问题是贯穿在本书中的一条重要线索。其实我也只是在写作的过程中才逐渐意识到本书的真正核心是什么，在此我重新梳理一下我在书中主要想阐释清楚的几个问题。

(1) 何为“明式”

造物从一开始出现就带有物质层面和精神层面的双重特征。作为实用艺术的典型代表，明式家具是中国物质文明和精神文明的高度结晶，是明代的文化精英和能工巧匠共同智慧的成果，它显示了中国人强大的创造力以及不同于西方的思维特征。

杨耀先生 1948 年在《北京大学五十周年纪念论文集》发表的

《明式家具艺术》中正式提出了“明式家具”的概念，并阐述了它的几个主要特征。他首先指出明式家具是“当时文人的意匠同木工的技巧结合的成绩”。[86] 这个提法被沿用至今，被所有研究明式家具的学者所认同。本书对当时的文人意趣做了甄别，明代文人的审美取向直接影响了家具形制的生成，家具中反映出的美学特征也完全符合当时的美学特征，显示出造物文化的精神特质。杨耀先生还说：“明式家具有很明显的特征：一点是由结构而成立的式样；一点是因配合肢体而演出的权衡。从这两点着眼，虽然它的种类千变万化，而归整起来，它始终维持着不太动摇的格调，那就是‘简洁、合度’。但在简洁的形态之中，具有雅的韵味。”在本书意境篇里有关于空灵之境的论述，详细论证了极简形式产生的时代背景和审美取向的生成；关于合度的问题在意匠篇中对于人体感知的部分和意境篇中也做了详述；而韵味的含义在意境篇的气韵之境部分做出了阐释。上述所有的论述旨在证明，所谓的“明式”不仅是家具的外形体现出的造型特征，更重要的是它寄托着传统文人所追求的哲学命题、艺术理想和人格操守。

（2）意匠何在

中国古代没有“设计”这个词，因为生产方式的不同，对于古人造物的思维活动很难用“设计”一词来说明。“意匠”无论是从文法上还是语义上都符合当时的语境，它在文中实际上对应的是“设计”一词的初级阶段，即创作构思，从谢赫的“六法论”和荆浩的《笔法记》中都可看到古人对创作时的阶段性任务的不同定位。本书的上篇阐述明式家具造物者的意匠是如何生成的，分为四个方面：明式家具形成的哲学背景、以人为意匠主体的思想、审美价值对形制的影响以及使用方式带来的形制变化。哲学思想是一切艺术活动的根源，在明式家具的造物活动中也映射出老庄和儒学的影响；而所有的造物活动都是以人为主体的，对于当今的设计依然如此，但是中国人对于人的本体的认识有自己的独到见解，家具成为修身养性的载体；审美价值的论述也是以文人绘画作为起点，论证了明式家具中蕴含的独特审美取向；家具不同的使用方式使明式家具的形态呈现出灵活多变的特征，这里的论证旨在打破对于明式家具的惯常认识。作为一名设计师和设计教育从业者，我起初最关心的是上篇这一部分，也是本书的起点。这部分是我从当代设计的视角去探究明式家具的造物者的灵感来源和创作依据，最终得出以下的框架，即自然、人、审美、使用方式是中国传统器物产生的重要基础，希望这种提法对于重新审视中国传统造物，构建中国式设计思维具有一定的积极作用。(图4-1)

(3) 明式家具的艺术性

当我对于意匠的研究展开之后，发现研究的内容远远没有到达终点，明式家具作为实用器物代表着几百年前的中国人的生活方式，今天我们的生活已经远离那个年代，为什么还会有人去欣赏它、使用它、膜拜它？一个手机对于我们的使用周期可能就几年，换了苹果手机就再也想不起以前的摩托罗拉或诺基亚手机了，可是明式家具为什么有这种穿越时空的能力？一件真正的艺术品能够具有永恒的魅力，不会因为时间流逝和时代变更而减弱。明式家具是中国家具艺术的典型代表已成共识，那么作为具有功能的

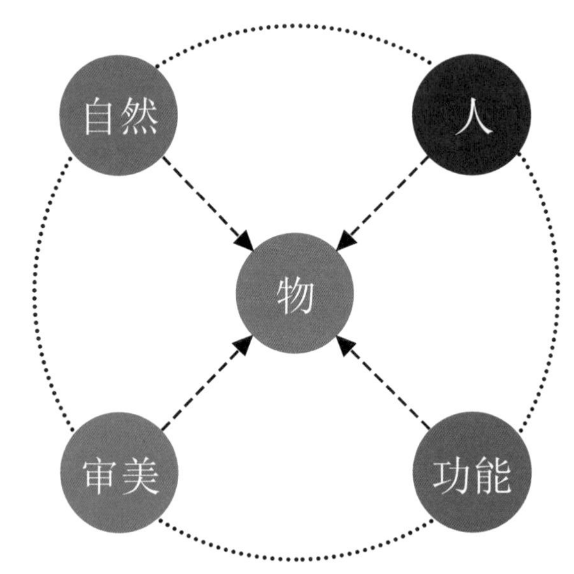

图 4-1

艺术品，它的美从何来？是否只可意会不可言传？本书力图突破这种局限性，将明式家具纳入中国古典艺术美学的语境中来分析，有助于将这个问题的答案梳理清楚。如果说意匠篇讨论的是设计初级阶段的构思问题，那么意象篇和意境篇是美学的角度来讨论设计的发展到完成。这两个概念都属于中国艺术的美学范畴，用来分析明式家具是为了证明它的艺术价值，而在思辨的过程中我参照书法发现同样是基于实用的两种艺术，实际上明式家具的艺术价值在之前是被远远低估了，因为它同样具有中国书法、绘画等门类所传达的艺术精神，体现出同一个审美体系的特征。

意象篇中首先是借助于书法的意象来阐述明式家具中的基本线条的形态及构成；而绘画意象实际上也是从山水画、竹画以及其他内容的主题上来探讨明式家具的选材、造型和其象征性，并为明式家具作为文人家具的论断再次提供了证据；对于空间意象的论述旨在从空间构成的角度来为明式家具的研究提供新的维度。

意境篇是从审美的角度将明式家具提高到艺术欣赏的层次，从空灵之境、气韵之境和含蓄之境三个方面论证明式家具的艺术特征，实际上是把明式家具和中国的诗歌、绘画和书法放到同一个语境中去讨论，并以此证明它的艺术地位。

从意匠到意象再至意境，是本书梳理出的中国传统造物的基本生成程序和创作的一般规律，从而构建出中国明式家具的造物之道，即我们今天说的设计方法论。

对于明式家具的认识，我们必须穿过表象追寻本质、跨越时代得其精神；对于今后的设计，必须摆脱传统形式的束缚，结合现代生活理念，创作出符合时代审美、具有文化内涵的作品。由此及彼，明式家具的造物之道不仅是中国家具的设计灵魂，它也代表了普遍的中国传统造物思想，也应该是我们今天的设计之道，它可为我们今天的设计提供取之不尽、用之不竭的灵感源泉，是我们架构中国式设计思维的基石。

84 杭间．设计道：中国设计的基本问题 [M]．重庆：重庆大学出版社，2009：63．

85 杭间．设计道：中国设计的基本问题 [M]．重庆：重庆大学出版社，2009：57．

86 杨耀．明式家具研究 [M]．北京：中国建筑工业出版社，2004：25．

图片来源

图号	图片	图片来源
1-1		图表自制
1-2		明代木刻版画
1-3		笔者拍摄
1-4		笔者拍摄
1-5		笔者拍摄
1-6		笔者拍摄
1-7		明代木刻版画
1-8		笔者拍摄
1-9		笔者拍摄
1-10		明式家具研究　王世襄著　生活・读书・新知三联书店　2007 年 1 月
1-11		大城私人收藏　作者拍摄
1-12		三才图会（中）［明］王圻　王思义　编集　上海古籍出版社
1-13		闲情偶寄　［清］李渔　华夏出版社　2006 年 12 月
1-14		留余斋藏明清家具　黄定中　三联书店（香港）有限公司　2009 年 9 月

续表

图号	图片	图片来源
1-15		张琦绘制
1-16		笔者拍摄
1-17		金叵罗制器　耿玉芹拍摄
1-18		金叵罗制器　耿玉芹拍摄
1-19		金叵罗制器　耿玉芹拍摄
1-20		北京私人收藏　笔者拍摄
1-21		金叵罗制器　耿玉芹拍摄
1-22		德泽堂制器　笔者拍摄
1-23		环境艺术设计与理论　张绮曼　主编　《明式家具的功能与造型》 陈增弼　撰　中国建筑工业出版社　1996 年 10 月
1-24		佳木轩制器　笔者拍摄
1-25		佳木轩制器　笔者拍摄
1-26		金叵罗制器　苑金章拍摄
1-27		明代木刻版画
1-28		明式家具二十年经眼录　伍嘉恩著 故宫出版社　2012 年 3 月

续表

图号	图片	图片来源
1-29		笔者拍摄
1-30		金亘罗制器　耿玉芹拍摄
1-31		苑金章制图
1-32		佳木轩制器　笔者拍摄
1-33	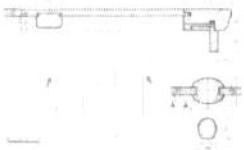	苑金章制图
1-34	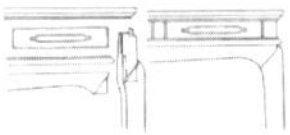	明式家具研究　王世襄著　生活·读书·新知三联书店　2007 年 1 月
1-35		三才图会（中）　［明］王圻　王思义　编集　上海古籍出版社
1-36		德泽堂制器　笔者拍摄
1-37	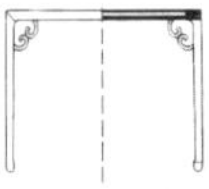	明式家具珍赏　王世襄编著　文物出版社　2010 年 2 月
1-38	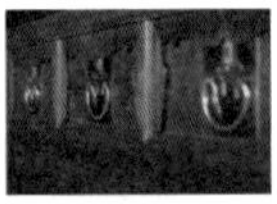	金亘罗制器　耿玉芹拍摄
1-39		网络下载
1-40		网络下载
1-41		时间机器　供图
1-42		时间机器　供图

续表

图号	图片	图片来源
1-43		金叵罗制器　耿玉芹拍摄
1-44		明式家具二十年经眼录　伍嘉恩著　故宫出版社　2012 年 3 月
1-45		明式家具研究　王世襄著　生活·读书·新知三联书店　2007 年 1 月
1-46	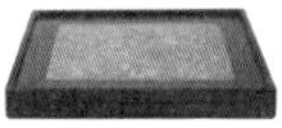	洪氏所藏木器百图　作者：洪建生　洪王家琪 PRIVATELY PUBLISHED. NEW YORK.1996
1-47		北京私人收藏　笔者拍摄
1-48		明式家具二十年经眼录　伍嘉恩著 故宫出版社 2012 年 3 月
1-49	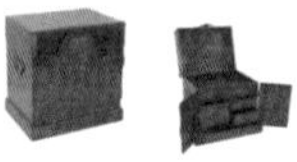	北京私人收藏　笔者拍摄
1-50	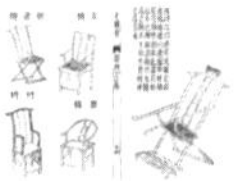	三才图会（中）[明] 王圻　王思义 编集　上海古籍出版社
1-51		洪氏所藏木器百图　作者：洪建生　洪王家琪 PRIVATELY PUBLISHED. NEW YORK.1996
1-52		明式家具二十年经眼录　伍嘉恩著　故宫出版社　2012 年 3 月
1-53		时间机器　供图
1-54		大城私人收藏　笔者拍摄
1-55		凿枘工巧　中国古代家具艺术展　展览图册
1-56		明式家具二十年经眼录　伍嘉恩著　故宫出版社　2012 年 3 月

续表

图号	图片	图片来源
1-57		明式家具研究　王世襄著　生活·读书·新知三联书店　2007 年 1 月
1-58		北京私人收藏　笔者拍摄
1-59		金叵罗制器　耿玉芹拍摄
1-60		重刊燕几图 / 蝶几谱附匡几图　[宋] 黄伯思（长睿）/ [明] 戈汕（庄乐）编　上海科学技术出版社　1984 年 3 月第一版
1-61		重刊燕几图 / 蝶几谱附匡几图　[宋] 黄伯思（长睿）/ [明] 戈汕（庄乐）编　上海科学技术出版社　1984 年 3 月第一版
1-62		重刊燕几图 / 蝶几谱附匡几图　[宋] 黄伯思（长睿）/ [明] 戈汕（庄乐）编　上海科学技术出版社　1984 年 3 月第一版
1-63		明代木刻版画
1-64		明代木刻版画
1-65		明代木刻版画
1-66		金叵罗制器　耿玉芹拍摄
1-67		金叵罗制器　耿玉芹拍摄　苑金章制图
1-68		明式家具二十年经眼录　伍嘉恩著　故宫出版社　2012 年 3 月
2-1		转引自中国书法：167 个练习——书法技法的分析与训练　邱振中著　中国人民大学出版社 2013 年 7 月
2-2		网络下载

续表

图号	图片	图片来源
2-3		佳木轩制器　笔者拍摄
2-4		佳木轩制器　笔者拍摄
2-5		明式家具珍赏　王世襄编著　文物出版社　2010 年 2 月
2-6		金亘罗制器　耿玉芹拍摄
2-7		转引自中国书法：167 个练习——书法技法的分析与训练　邱振中著 中国人民大学出版社 2013 年 7 月
2-8		金亘罗制器　笔者拍摄
2-9		转引自中国书法：167 个练习——书法技法的分析与训练 邱振中著 中国人民大学出版社 2013 年 7 月
2-10		金亘罗制器　耿玉芹拍摄
2-11	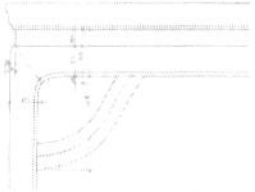	苑金章制图
2-12	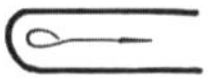	邱振中书法论集书法的形态与阐释　邱振中著 中国人民大学出版社　2012 年 3 月
2-13		留余斋藏明清家具　黄定中　三联书店（香港）有限公司　2009 年 9 月
2-14	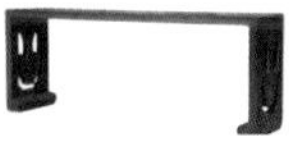	金亘罗制器　耿玉芹拍摄
2-15		金亘罗制器　耿玉芹拍摄
2-16		邱振中书法论集书法的形态与阐释　邱振中著 中国人民大学出版社　2012 年 3 月

续表

图号	图片	图片来源
2-17		佳木轩制器　笔者拍摄
2-18		金亘罗制器　耿玉芹拍摄
2-19	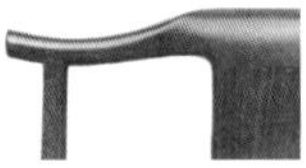	金亘罗制器　苑金章拍摄
2-20		金亘罗制器　苑金章拍摄
2-21		邱振中书法论集书法的形态与阐释　邱振中著 中国人民大学出版社　2012 年 3 月
2-22		转引自中国书法：167 个练习——书法技法的分析与训练　邱振中著 中国人民大学出版社　2013 年 7 月
2-23		金亘罗制器　苑金章拍摄
2-24		金亘罗制器　耿玉芹拍摄
2-25		金亘罗制器　耿玉芹拍摄
2-26		佳木轩制器　笔者拍摄
2-27		大城私人收藏　笔者拍摄
2-28		苑金章制图
2-29		金亘罗制器　耿玉芹拍摄
2-30	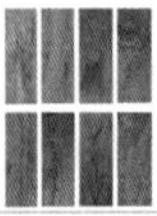	笔者拍摄

续表

图号	图片	图片来源
2-31		大城私人收藏座屏　笔者拍摄
2-32		德泽堂制器　笔者拍摄
2-33		网络下载
2-34		笔者拍摄
2-35		明式家具二十年经眼录　伍嘉恩著　故宫出版社　2012 年 3 月
2-36		燕几衎榻：攻玉山房藏中国古典家具 作者：叶承耀 著录：伍嘉恩 Art Museum The Chinese University of HongKong 1998
2-37		中国古典家具私房观点　[英] 马科斯・费拉克斯　中华书局　2012 年 8 月
2-38		中国古典家具私房观点　[英] 马科斯・费拉克斯　中华书局　2012 年 8 月
2-39		中国古典家具私房观点　[英] 马科斯・费拉克斯　中华书局　2012 年 8 月
2-40	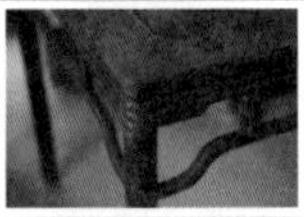	大城私人收藏　笔者拍摄
2-41	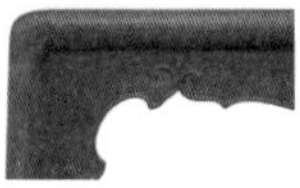	佳木轩制器　笔者拍摄
2-42		读往会心——侣明室藏明式家具　中国嘉德 2011 春季拍卖会图录
2-43		大城私人收藏　笔者拍摄
2-44		大城私人收藏　笔者拍摄

续表

图号	图片	图片来源
2-45		大城私人收藏　笔者拍摄
2-46		大城私人收藏　笔者拍摄
2-47		重刊燕几图 / 蝶几谱附匡几图　[宋] 黄伯思（长睿）/ [明] 戈汕（庄乐）编　上海科学技术出版社　1984 年 3 月第一版
2-48		时间机器　供图
2-49		网络下载
2-50		网络下载
2-51		金亘罗制器　耿玉芹拍摄
2-52		网络下载
2-53		北京私人收藏　笔者拍摄
2-54		金亘罗制器　耿玉芹拍摄
2-55		金亘罗制器　耿玉芹拍摄
2-56		德泽堂制器　笔者拍摄
2-57		金亘罗制器　耿玉芹拍摄
2-58		德泽堂制器　笔者拍摄

续表

图号	图片	图片来源
2-59		明代木刻版画
2-60		明代木刻版画
3-1		金叵罗制器　耿玉芹拍摄
3-2		金叵罗制器　耿玉芹拍摄
3-3		佳木轩制器　笔者拍摄
3-4		德泽堂制器　笔者拍摄
3-5		山西繁峙县岩山寺金代壁画　武普敖摄影
3-6		金叵罗制器　笔者拍摄
3-7		玺泰堂制器　笔者拍摄
3-8		佳木轩、金叵罗制器　笔者拍摄
3-9		金叵罗制器　耿玉芹拍摄
3-10		金叵罗制器　耿玉芹拍摄
3-11		笔者拍摄
3-12		笔者拍摄

续表

图号	图片	图片来源
3-13		金亘罗制器　笔者拍摄
3-14		金亘罗制器　耿玉芹拍摄
3-15		德泽堂制器　笔者拍摄
3-16		金亘罗制器　笔者拍摄
3-17	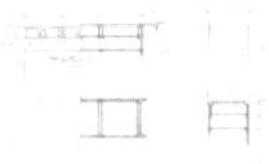	苑金章制图
3-18		明式家具珍赏　王世襄编著　文物出版社　2010 年 2 月
3-19		德泽堂制器　笔者拍摄
3-20		大城私人收藏　笔者拍摄
3-21		德泽堂制器　笔者拍摄
4-1	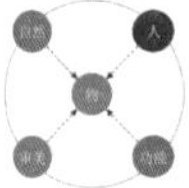	图表自制

致谢

此书是在我于中央美术学院攻读博士学位期间的博士论文基础上修改而成，在此我首先向我的博士导师张绮曼教授致以崇高的敬意和深深的谢意。张先生作为中国环境艺术设计学科的奠基人和开拓者，长期以来一直高度关注中国家具设计事业的发展，并身体力行地支持现代家具的创新设计和对传统家具的深入研究，而我的博士论文方向也是基于设计学科中的传统家具理论的缺失而选择了后者。张先生高屋建瓴的学术视野、深厚渊博的艺术造诣和严谨求实的治学态度如一盏明灯指引着我，时常令我在困惑中找到方向，并坚定了研究的信心，同时她对我的鼓励和鞭策也令我不敢有丝毫懈怠。在成书之际，张先生又欣然同意为我作序，也令我倍受感动。

感谢北京设计学会名誉会长、北京理工大学设计与艺术学院前院长张乃仁教授为我的传统家具研究提供了巨大支持和诸多方便。

感谢已故去的陈增弼教授，20 世纪 90 年代初我在中央工艺美术学院读大学期间，是他的课程为我播下了学习传统家具的种子，他从清华大学退休后被聘请到北京理工大学开设传统家具的硕士研究生方向，我又成为他的教学助手，在他人生的最后几年聆听他宝贵的家具知识实乃三生有幸。

感谢同济大学创意学院教授、家具艺术家周洪涛博士，他在美国夏威夷大学工作期间为我搜集了英文原版的家具相关著作，使我进一步了解到西方学界对于中国古典家具的认识。

感谢北京金叵罗的苑金章先生、北京佳木轩的石少义先生、河北大城玺泰堂的李胜忠先生、河北大城德泽堂的李胜利先生，他们都是当下中国最具有匠人精神的古典家具传承者，他们制作的家具也为本书增色生辉。

感谢多年老友摄影家耿玉芹女士的相助。

最后感谢北京理工大学设计与艺术学院院长杨建明教授、副院长王东声教授，北京理工大学出版社的李丁一、刘派编辑，在他们的努力下此书得以顺利付梓。